EINE REISE

DURCH

PORTUGAL

MIT EINER

GEOLOGISCHEN KARTE

VON

F. G. MÜLLER-BEECK.

HAMBURG
VERLAG VON L. FRIEDERICHSEN & CO.
1883.

Vorwort.

Die kleine Zahl wissenschaftlicher Arbeiten über Portugal, sowie die geringe Kenntniss, welche die Portugiesen von ihrem Lande haben, sind die Veranlassung geworden, meine Reisenotizen der Oeffentlichkeit zu übergeben.

Ich habe bei Anfertigung meiner geologischen Karte von Portugal zu Grunde gelegt:

1. Die C. VOGEL'sche Karte des STIELER,schen Hand-Atlas, No. 39 und No. 40. 1 : 1 500 000.
2. Die geologische Karte von Portugal der Herren CARLOS RIBEIRO und JOAQUIM FILIPPE NERY DELGADO, welche 1876 vom geographischen Institut in Lissabon herausgegeben ist.

Mit Hülfe des Zeichners an der Königl. Berg-Akademie, Herrn PÜTZ, habe ich die jetzt gebräuchlichen geologischen Farben angewandt. Die Geographia e Estatistica Geral de Portugal e Colonias, com um atlas, por GERARDO A. PERY, Lisboa, Impresa nacional 1875, habe ich mehrfach benutzt; ich citire einfach unter dem Namen PERY.

Ich habe an der Hand meiner Reisenotizen anzudeuten versucht, wie die geologische Beschaffenheit des Bodens den landschaftlichen Character der Gegend bedingt, und wie beide zusammen dem Volke nicht nur ein bestimmtes Gepräge aufdrücken, sondern auch für dessen Existenz und weitere Entwicklung massgebend sind.

Berlin, März 1883.

MÜLLER-BEECK.

Von Sevilla nach Ayamonte.

Um nach dem Süden Portugal's zu gelangen, steht dem Reisenden, der wie wir, in Gibraltar zuerst wieder europäischen Boden betritt, nur der Weg über Cadiz offen. Die verlockenden Schilderungen einzelner Engländer aber von den Reittouren durch Portugal und die nahen »Ostertage Sevilla's« veranlassten meinen Freund PAULI und mich, Andalusien's vielbesungene Hauptstadt zu besuchen, und so kam es, dass wir über Huelva und Ayamonte nach Portugal hineinfuhren, eine Route, welche ich ganz kurz als Einleitung besprechen will, weil Huelva nicht häufig von Fremden zu Lande erreicht und die nun dem Verkehr eröffnete Eisenbahn nach Sevilla die alte schöne Landstrasse in Vergessenheit bringen wird.

Mit überfüllter Postkutsche, von 8 Maulthieren gezogen, fuhren wir am 25. April Morgens 7 Uhr im vollen Galopp aus Sevilla. Für Regen und Sonnenschein eingerichtet, das Notizbuch und den Taschenbarometer bereithaltend, eng an den Kutscher geschmiegt, um bei den unsanften Stössen einer echt spanischen Kutsche nicht abgeschüttelt zu werden, bald nach diesem, bald nach jenem fragend, von dem Bauernvolk als Verrückter angesehen, notirend, wenn nach starkem Trab am Wagen etwas zerbrochen ist, oder am Geschirr ein Riemen reisst, was oft vorkommt, bald absteigend, wenn die Thiere keuchend einen Berg hinauf traben, der für den Galopp zu hoch ist, so fuhren wir die

Landstrasse nach Huelva bergauf und -ab, hinüber über die schöne Triana-Brücke, welche die Zigeunerstadt mit Sevilla am linken Ufer des Guadalquivir verbindet.

Diese gute Chaussee führt die leichten Hügel hinan bis zum Städtchen Bullones, eine Fahrt durch fruchtbares, reich angebautes Garten- und Ackerland. Zu beiden Seiten des Weges wechseln Olivengärten und Kornfelder, nur hier und da passirt man Pinienwaldungen; am Landhaus des FERDINAND CORTEZ, an alten schön gelegenen Klöstern vorbei, führt die Strasse von dem kleinen Plateau zum Städtchen Niebla am Tinto-Flusse hinab. Dieser Rio-tinto vereinigt sich unterhalb der Stadt Huelva mit dem Odiel, beide entspringen auf dem Aracena-Gebirge und ergiessen sich in den Busen von Cadiz. Bei Niebla sahen wir alte römische und maurische Ruinen und bedauerten, diese grossen Bauten nicht näher in Augenschein nehmen zu können. Nach zehnstündiger Fahrt erreichten wir Huelva, am Flusse Odiel. Die im Norden gelegenen Rio-tinto Minen, welche Kupfer und andere Erze zu Tage fördern, haben in den letzten Jahren viel von sich reden gemacht, so dass ich im Anhange ein paar Notizen darüber gebe. (Anhang S. 80)

Englische Schiffe lagen im Hafen, der durch seine sumpfigen und sandigen Ufer keinen erfreulichen Eindruck macht. Mit Cadiz und Lissabon steht Huelva zur See in Verbindung. Zur Zeit unserer Reise (1878) baute man an der Eisenbahnstrecke nach Sevilla. Die Besitzer der Minen haben eine Eisenbahn angelegt, um ihre Depôts in Huelva mit den circa 51 *km* nördlich gelegenen Minen zu verbinden. Es sei erlaubt, hier zu erinnern, dass in der Nähe von Huelva, von Palós, am unteren Rio-tinto ca. 10 *km*, vom versandeten Meerbusen landeinwärts COLUMBUS und die Gebrüder PINZON die Entdeckungsfahrt nach Amerika antraten. Unfruchtbare uud versandete Ufer kennzeichnen diese Unterläufe der beiden genannten Flüsse, ein trostloser Anblick, der durch die Geschäftsstille, welche seiner Zeit in Huelva herrschte, noch durch das verwahrloste Aussehen des Städtchen's und ein schmutziges Nachtquartier erhöht wurde, eine Vorbereitung auf Portugal! Von Huelva nach Ayamonte fuhren wir ebenfalls mit einem Postwagen. Ist man zwei Stunden das Odielflussthal hinaufgefahren, und hat den Odiel überschritten, so gelangt man in den fruchtbaren Westen der Provinz Huelva. Olivengärten und Maisfelder sind hier vorherrschende Culturen. Fast jedes kleine Städtchen, das man passirt, hat alte Ruinen, theils römischen, theils maurischen Ursprungs. Es liefert dies den Beweis, dass hier früher zahlreiche blühende Städte existirt haben, die heute neu emporkommen könnten, wenn dem Versanden und der Verschlemmung der Flussmündungen Einhalt gethan würde. Wie die Zustände aber gegenwärtig sind, ist man stets froh, jene elenden Dörfer mit ihrer trägen Bevölkerung hinter sich zu haben. Wie üppig und verschwenderisch die Natur heute noch in diesem verwahrlosten District sein kann, erfuhren wir bei Lepe, ein Städtchen, das wir Nachmittags erreichten, nachdem wir vorher bei Cartaya per Boot und Fähre über den Fluss Piedra gekommen waren.

Ein schöner Orangenhain war dort zu passiren. Grosse, mit ihren Zweigen tief herabhängende Bäume im vollsten Blüthenschmuck boten einen prachtvollen Anblick dar. Jenseits Lepe führt der Weg durch einen sehr gut gepflegten Pinienwald, mit grossen Exemplaren von Pinus maritima, der dem Madrider Herzog DE CESSA gehört. Auf dieser Fahrt hat man zeitweilig Blicke auf das Meer und auf den tiefer liegenden Küstenstrich. Die Landstrasse führt uns nun bis zum Guadiana hinunter, während die spanische Grenzstadt Ayamonte selbst auf und an den Abhängen der Hügel gebaut ist.

Die östlichen Ufer sind gebirgig und geben dem Städtchen ein pittoreskes Ansehen, das wir um so weniger vergessen werden, als eine schöne Abendbeleuchtung unsere Segelfahrt über den Strom begünstigte. Die hügelige Lage Ayamonte's, die Ruinen aus der Mauren-Zeit, das geschäftige Fischertreiben an der breiten (ca. 400 *m*) Mündung, die auffallend hübschen Gesichter, die schon in der Gegend von Lepe auftreten, bilden einen gewaltigen Kontrast mit der portugiesischen Grenzstadt Villa Real.

Auf kahler, sandiger Ebene stehen in Reihe und Glied kasernenartig die Häuser von Villa Real de San Antonio. Schon ehe wir landeten, waren wir von Zollbeamten und faullenzenden Fischern erspäht. Bald sammelte sich eine ganze Schaar von Männern an, vom obersten Zollcontroleur bis zum Bettler, um im richtigen Augenblick sich des Gepäcks zu bemächtigen. Da dasselbe sehr armselig war, musterte ich ruhig die bunte Schaar dieser hässlichen Mischrasse, die selbst an der äussersten Grenze gewaltig mit der spanischen kontrastirt. Da wir den Winter auf Madeira und den canarischen Inseln gereist waren, so konnten wir rasch die portugiesischen Typen herausfinden.

Villa Real ist eine verunglückte Gründung Pombal's und wurde 1744 aufgebaut. Abgesehen von Beamten, Fischern und einigen Krämern haben wir in dieser »scheinbaren Stadt« keine Menschen gesehen. Die Einwohnerzahl, 4188, welche BEHM u. WAGNER, Bevölkerung der Erde, VII anführen, ist ganz entschieden zu hoch. MURRAY's handbook of Portugal 1875 scheint auf S. 67 Propaganda für die Domingos-Minen zu machen, denn es sagt, dass der Handel von Villa Real von solch kaufmännischer Bedeutung ist, dass jährlich 600 englische Schiffe den Hafen anlaufen. Von hier fortzukommen, war schwieriger, als wir es uns vorgestellt hatten, weil wir Algarve aufgeben wollten und direkt nach Beja vorzudringen hofften. Um

Algarve,[1]) über das ja bereits Manches geschrieben ist,[2]) zu erreichen, muss man von Cadiz aus eine Schiffsgelegenheit nach Faro benutzen. Für Geologen ist dieser Süden von grossem Interesse, namentlich auch für Botaniker, die in Portugal in den weniger zugänglichen Schluchten und Thälern noch die ursprüngliche Vegetation antreffen. Da man von Lagôa[3]) mit grossem Zeitverlust nach Norden weiter vordringen muss, die Beschwerden des Unterkommens und der Mangel an Nahrung in Portugal für Reisende nicht zu unterschätzen sind, mussten wir die Schönheiten des fruchbaren Litoralgebietes, dessen Weine und Früchte im ganzen Lande bekannt sind, ungesehen lassen. Am 27. April fuhren wir mit dem kleinen, nur zweimal per Woche fahrenden Flussdampfer stromaufwärts nach Mertola, eine Entfernung von 67 *km*. Mit dieser Flussfahrt begann unsere Portugal-Reise.

Die Fahrt geht an einigen hundert Fuss hohen, kahlen Bergen entlang, die aus flötzleerem Sandstein bestehen. In den engen Schluchten zeigt sich eine spärliche Vegetation wilder Oelbäume und Korkeichen, die den wilden Charakter dieses Strombildes erhöhen. Nur sehr selten sieht man Wohnungen. Für die kleinen Städtchen Alcoutim am rechten und Pomarão am linken Ufer, unweit der spanischen Grenze, ist die Ankunft des Dampfers ein Hauptereignis, und die ganze hässliche Einwohnerschaft läuft an der Brücke zusammen. Auf der Fahrt konnten wir die Verwüstungen wahrnehmen, welche die Ueberschwemmungen des Flusses vor 2 Jahren angerichtet hatten, der bei dem hochgelegenen Mertola 20—30 Fuss über seine Ufer getreten war. Bis Pomarão sind es 45 *km* Fahrt von der

---

1) Von al-gharb »der Westen« der Araber

2) SILVA LOPEZ: Königreich Algarve.
LINK's: Reise durch Spanien, Portugal. GERMONT DE LA VIGNE, WATTENBACH, WILLKOMM

3) Lacobriga. —

Mündung. Hier ändert der Guadiana seinen südlichen Lauf und biegt nach NNW. um. Durch die Wendungen des Flusses entstehen einzelne schöne Naturbilder, welche eine Abwechslung in die sonst einförmige Steinkohlenformation dieser Wegestrecke bringen.

Pomarão ist der Hafen der ca. 16 Kilometer nördlich gelegenen Kupferminen von S. Domingos, welche der Firma JAMES MASON gehören, der 1860 diese alten, übrigens schon von Karthagern und Römern gekannten Minen gekauft hat. Dieselben sind hier auf der Grenze der Steinkohlenformation gegen silurische und cambrische Schiefer abgeteuft. (Anhang S. 78/79.) MASON hat eine Eisenbahn nach seinen Minen gebaut. Huller Segelschiffe, Quaianlagen und eine kleine Eisenbahn verursachen ein geschäftiges Leben in dieser sonst verlassenen und verwahrlosten Gegend. Eine furchtbare Hitze herrschte hier im engen, von kahlen Bergen eingeschlossenen Flussthale, so dass wir die Höhe Mertola's (*70 m*) als kein verlockendes Reiseziel betrachten konnten; hier hört die Schiffahrt auf dem Guadiana auf. Mertola[1]) liegt 70 *m* hoch und sehr malerisch auf einem Berge, der sich zwischen dem Guadiana[2]) und seinem Nebenfluss Oeiras erhebt und dort steil abfällt. Dieser Oeiras entspringt auf der Serra Malhão in der Cordilheira do Algarve, wie die Bergkette genannt wird, welche von Tavira an der Küste im Halbkreis sich in verschiedene Höhenzüge theilt und mit dem Cabo de São Vicente im Westen endigt. Geologisch ist Algarve von grossem Interesse. Das Gebirge gehört seiner ganzen Ausdehnung nach dem flötzleeren Sandstein an und reicht

1) Das alte Myrtilis.

2) Der Guadiana ist 700 *km* lang, von denen 207 auf Portugal kommen. Der Fluss entspringt den Seen von Regdera, verläuft aber wieder in Sümpfe im Norden der Sierra Morena, durchfliesst die spanischen Provinzen Ciudad Real und Badajoz und durchschneidet oberhalb Mertola das Gebirge. (Pery). —

in seinem westlichen Theil bis in die Nähe der Sado-Mündung. Die Westküste, sowie das öde unfruchtbare Sadogebiet ist Süsswasserbildung, während im Süden Algarve's eine Jura-Schicht anliegt, die von einem schmalen Triasbande von den Kreide- und Diluvialschichten überlagert wird.

Im westlichen Algarve in der Serra Monchique, deren höchste Erhebung Foya 903 *m* beträgt, tritt ein granitisches Gestein auf, welches in Europa nicht anderweitig vorkommt und deshalb den Namen Foyit[1]) erhalten hat. Obgleich wir dieses Gebirge von Algarve nicht bereist haben und uns auf die RIBEIRO'sche Karte beziehen müssen, darf diese Notiz nicht unerwähnt bleiben, weil dieser geologische Aufbau die Ursache dieses überaus fruchtbaren Landstrichs gewesen ist und voraussichtlich bleiben wird, während an der ganzen Westküste von Portugal, mit Ausnahme der Strecke vom Cabo Carvoeiro (Peniche 39° 21′ 5″ n. Br. o, 16′ 4″) bis Lissabon die Süsswasserbildungen in immer mehr verheerender und zerstörender Weise thalaufwärts vordringen und damit die Fruchtbarkeit des Landes vermindern.

Von Mertola, das abgesehen von den Ruinen eines maurischen Castells (von römischen Bauten ist uns nichts aufgestossen), wenig Bemerkenswerthes bietet, fuhren wir zuerst durch ein Gebiet, das aus kahlen, unfruchtbaren, dem Cambrium angehörigen Schichten besteht, auf denen Haide und Cistus vorherrschen und die spärliche Vegetation bilden.

Viele verlassene Schachte trifft man hier an. Es wäre interessant, einmal festzustellen, ob einige von diesen Schach-

1) Foyit eigentlich ein Syenit und zwar ausgezeichnet durch das sonst seltene Vorkommen von Elaeolith. Die übrigen Bestandtheile sind Orthoklas, Glimmer und Hornblende. — ROSENBUSCH, «Massige Gesteine«, S. 203. —

ten nicht auch im Alterthum den Phöniziern bekannt waren, wie es ja sicher die Domingos-Minen gewesen sind.

Falsch und hinterlistig haben wir die Portugiesen nur auf diesem armen und äusserst unfruchtbaren Plateau, welches im NNW. von Mertola beginnt, gefunden. Reist man zu Pferde oder wandert zu Fuss in dieser Gegend, so muss man gefasst sein, sich seiner Haut wehren zu müssen. Im übrigen Portugal, besonders im Norden, hat man seitens der Bevölkerung nichts zu befürchten. Es kann vorkommen, dass der Portugiese Quartier verweigert, denn gastfrei ist er nicht überall. Es dauert immer einige Zeit, bis er sich überzeugt hat, dass der Fremde kein Spanier ist, gegen den namentlich an den Grenzen ein Hass besteht, der jeder Beschreibung spottet. Reist man in ärmlichen Distrikten, so muss man sich einen Weinschlauch und Proviant mitnehmen. Lebensmittel und nun gar Tabak wirken oftmals besser, als kleine Münze. Der portugiesische Landmann ist dumm und leistet nur passiven Widerstand, ist arm und unzufrieden, lebt äusserst ungemüthlich und ist ebenso schmutzig wie der Spanier. Aber vom Süden bis zum Norden haben wir den arbeitsamen Bauer angetroffen, während nur der Städter überaus faul ist. Die grosse Steuerlast und Pfaffenwirthschaft, und neuerdings der Strassen- und Eisenbahnbau, haben den Portugiesen aufsässig gemacht. Ein sehr gutes Strassennetz verbindet die Hauptprovinzialstädte und zum Theil schon die namhaftesten Ortschaften. Auf den Wegen sieht man aber nur Postkutschen fahren. Die Lasten und Waaren werden überall im Lande auf Maulthieren oder kleinen Pferden fortgeschafft, weil die Seitenwege eben unfahrbar sind. Den Vortheil einer kostspieligen Strasse sieht der Bauer darum noch nicht ein. Wenn das Strassennetz mehr ausgebildet sein wird, so muss sich entschieden der Produktenhandel in Portugal heben.

Gegenwärtig kann man die Strecken zählen, wo Wagen fahren: natürlich auf den Landstrassen von Lissabon nach Cintra, von Barreiro nach Setúbal, von Vianna im Norden nach Ponte de Lima an der Lima, von Regoa nach Villa Real haben wir Lastkarren gesehen, sonst nirgends. Aber was für Karren! Wer stundenlang hinter solcher Reihe Wagen einhergeht oder fährt, die sich kameelartig fortbewegt, nur mit dem Unterschied, dass diese allerdings sehr malerisch aussehenden Karren einen Höllenlärm verursachen, der denkt an Italien, wo die 2räderigen schweren Holzkarren ein ähnliches entsetzliches Getöse verursachen, sowie das ohne Speichen versehene Holzrad sich um die Axe zu drehen anfängt.

Im Norden Portugals hat dieses Fuhrwerk mehr Interesse, weil die starken Ochsen mit den grossen Hörnern nicht gekoppelt sind, sondern den Karren mit der Stirn ziehen, die meistens hübsch verziert ist. Bei Lissabon und südlicher sind die Thiere am Halse gekoppelt, in ganz seltenen Fällen ist das Joch (canga) hübsch geschnitzt; kleine Kühe oder Ochsen sind hier die Zugthiere.

Ich habe diese Bemerkungen hier eingeschaltet, um den Leser schnell über das steinige Plateau zwischen Algador und Louredo hinwegzuführen. Zweimal nur passirt man kleine elende Bauernhäuser[1]). Zwanzig Kilometer vor Beja[2]), unserem nächsten Reiseziel, fährt man durch grosse Korkeichen- und immergrüne Eichenwaldungen. Wenige Kilometer vor der Stadt treten dioritische Formationen auf, in zwei zusammenhängenden Gruppen, die durch die Fruchtbarkeit der Gegend mit der südlich gelegenen monotonen Provinz angenehm kontrastiren.

---

1) Das Volk, welches hier im Alterthum wohnte und speziell den Namen der Keltiker (Celtici) führte, hat auch nur als Schafzüchter Ruf und Erwerb gefunden. — Kiepert, Alte Geogr. 1878. S. 487. —

2) Pax Julia. —

Die Höhe von Béja (282 *m*) erreichten wir gegen 10 Uhr Abends. Wir wurden von hier ab stets für Mineningenieure, von Süden kommend, angesehen, es dauerte immer einige Zeit, bis wir ein Gastzimmer eroberten und aus dem gemeinsamen Schlafsaal ausquartiert wurden. An Schlaf ist bei der Belebtheit der Zimmer gar nicht zu denken. Wir haben die Bemerkung gemacht, dass das portugiesische Ungeziefer dem marokkanischen in keiner Weise nachsteht. Béja ist übrigens ein ansehnliches Städtchen mit 7843 Einwohnern und Eisenbahnstation. Man baut gegenwärtig an der Linie Béja bis Huelva, aber von Seiten Spaniens ist noch über 30 Kilometer nicht einmal trassirt. Béja und Evora[1]) haben die meisten römischen Alterthümer in Portugal aufzuweisen. Maurische Reste sind noch vielfach erhalten, namentlich die Stadtmauern gen Norden. Von der Höhe eines aus portugiesischer Zeit stammenden Thurmes hat man eine weite Aussicht auf das Campo de Béja, wie dieser Theil der Provinz Alemtejo heisst. Im NO. gewahrt man viele Eichenwaldungen, was auch die grosse Schweinezucht erklärt, die in dieser Gegend an Ausdehnung zugenommen hat. Zwei europäische, sowie eine chinesische Rasse kommen in Portugal vor.

Béja wurde bekanntlich nach der Vertreibung der Mauren 1162 wieder Bischofssitz, so dass Kirchen und Klöster maurische Moscheen benutzt haben, wie z. B. St. Maria da Feira.

Von hier fuhren wir durch die Granitregion nach Evora, das den Anspruch macht, eine der wichtigsten

1) Evora nach KIEPERT aus dem keltischen Ebŭra, Ebŏra entstanden, sonst sind mit Sicherheit nur die Endungen briga, brica auf keltischen Ursprung zurückzuführen. — KIEPERT, Beitrag zur Ethnographie der iberischen Halbinsel. Monatsbericht der Berl. Akad. d. Wissenschaften, 1864, S. 143—164. —

Städte des Reiches zu sein. Ohne Zweifel ist sie eine der interessantesten. Evora hat heute 13'046 Einwohner und war nicht nur der Sitz maurischer und portugiesischer Könige, sondern muss auch schon eine ganz ansehnliche Römerstadt gewesen sein.

Quintus Sertorius hat sie 80 v. Chr. in Besitz genommen und in ihr prächtige Bauten aufführen lassen, unter anderen den Aquädukt. Derselbe endigte in der Stadt mit einem Thurm, der gerade vor der heutigen San Francesco-Kirche stand. Kurz vor unserer Anwesenheit dort war derselbe zusammengefallen! Dieser Thurm soll das Beste gewesen sein, was in Portugal von römischer Architektur anzutreffen war. Man war, als wir uns in Evora aufhielten, damit beschäftigt, den wüsten Platz vor der Kirche in eine praza umzuwandeln, hat aber bei den dazu nöthigen Erdarbeiten den römischen Bau so ausser Acht gelassen, dass er zusammengefallen ist. Von der Bauart der heutigen Portugiesen zeugt auch der umgewehte Obelisk vor dem Eingangsthor in den Bussaco-Wald. Ich füge hier eine Beschreibung Murphy's von dem Thurme bei, um die Archäologen von Neuem darauf aufmerksam zu machen:

The plan of the castellum is circular; its greatest dia meter is 12 ft. 6 in. independent of the surrounding columns, which are 8 in number, of the Jonic ordre. In each intercolumniation is a niche, with a striated head; an aperture is formed in one of them to give access to the inside of the structure. The second story is decorated with Jonic pilasters, between which are apertures for ventilation, the top is crowned with a hemispherical dome. The whole is constructed of brick, incrustated with cement of so hard and durable a substance that few parts of it appear to have failed by the natural decay of time. Considering it was built 70 years before the Christian era, we cannot but admire how such an apparently delicate structure has resisted the accumulated injuries of time. Upon the whole it may be justly considered one of the best preserved and most beautiful pieces of ancient architecture in existence.

Ein anderes monumentales Bauwerk veranlasst mich, länger bei diesem Thema zu bleiben. Evora liegt auf einem fruchtbaren Plateau 302 *m* hoch, das im grossen Bogen von den Bergketten Ossa (649 *m*) im Nordosten, Monfurado (400 *m*) im Westen und S. Mendro (406 *m*) im Süden umgeben ist. Wo man nun in der Stadt nach NO. von einer Terrasse eine weite Aussicht auf das umliegende Land hat, steht auf einem Marktplatze die Ruine des Diana-Tempels, welche bis 1834 noch als Schlachterhaus benutzt worden ist! Heute ist der Tempel wenigstens mit einem Gitter umgeben, und der Verwahrlosung und Verwüstung weniger ausgesetzt, als früher. Elf Säulen, von denen einzelne Kapitäle unversehrt sind, legen noch Zeugniss ab von der einstigen Schönheit dieser korinthischen Säulen. Von MURPHY haben wir eine genaue Beschreibung dieses Tempels. Beim Besuch der Kathedralen und Kirchen fielen uns die schönen Marmorskulpturen auf, leider konnte uns Niemand an Ort und Stelle die genauen Fundstätten des Marmors von Alemtejo angeben. Namentlich der rothe Marmor muss von ganz vorzüglicher Güte für Bildhauerarbeiten sein.

Nachdem wir die Umgegend von Evora besucht, fuhren wir per Bahn direkt nach Barreiro, das auf dem linken Ufer des Tejo, Lissabon gegenüber liegt. Sobald man westlich von Evora die Granitregion verlässt, wird der Charakter der Landschaft kahl und unfruchtbar. Die tertiären sandigen Ablagerungen machen einen öden und trostlosen Eindruck, der sich steigert, je mehr man sich dem Flusse Tejo nähert. Es ist mir bei dem nach Setúbal unternommenen Marsche eingefallen, dass diese tertiären Ablagerungen möglicherweise einstmals fruchtbare Niederungen, in Folge von Ueberschwemmungen zerstört und den öden Charakter des Nordens der Halbinsel Arrabida zwischen dem Tejo und Sado-Becken verursacht haben. Beweise für diese Ansicht bieten die alten Waldreste, welche man hier und da antrifft, z. B. zwischen Palmella und Pinhal nuovo, sowie namentlich das abgetrennte Schichtensystem, welches an der Küste von Setúbal bis Cap Espichel und in der Breite des heutigen Höhenzuges von Arrabida (499 *m*) auftritt. Dieser Landstrich ist gegenwärtig einer fruchtbaren Oase inmitten einer Sand- und Salzwüste vergleichbar. Das ehemalige Fischerdörfchen Barreiro, heute ein Städtchen von 3270 Einwohnern, nimmt von Jahr zu Jahr zu, weil die im Jahre 1881 fertig gestellte Eisenbahn nach Badajoz, welche von Evora über Entremoz und Elvas nach Spanien führt, dem Hauptverkehr nach Madrid, welcher heute das Tejo-Thal aufwärts via Abrantes führt, Concurrenz machen soll.

Die Ueberführung der Güter und Passagiere von Lissabon nach Barreiro geschieht vermittelst grosser Dampffähren, da der Tejo hier 12 *km* breit ist.

»Quem não tem visto Lisboa.
Não tem visto cousa boa.«

»Wer Lissabon nicht gesehen, hat nichts Gutes gesehen.« Dieses fast zum Ueberdruss citirte Sprüchwort konnten wir mit Recht allen unseren Mitreisenden zurufen, welche zum ersten Male von der Tejo-Seite das schöne Lisboa (Lissabon und engl. Lisbon) gewahrten. Da mein Freund sowohl, wie ich, Lissabon kannten, so hielten wir uns in der portugiesischen Hauptstadt nur kurze Zeit auf und machten von hier aus kleinere Tagestouren. Sehr mangelhaft fielen die Erkundigungen über die Provinzen Beira im Süden des Douro und Entre Minho e Douro und Tras os montes nördlich des genannten Flusses aus, ein Beweis, wie wenig die Portugiesen ihr Land selber kennen.

Auf Lissabon's Bedeutung als Welt- und Handelsstadt brauche ich nicht näher einzugehen. Ich verweise auf die schöne Arbeit von KOHL, in der die neuen Gesichtspunkte der geographischen Wissenschaften klar hervortreten [1]). Um nun aber hier keine Lücke entstehen zu lassen, da mein zweiter Aufenthalt in Lissabon lediglich im geographischen Interesse veranlasst wurde, so beschränke ich mich ausschliesslich auf die Geographie dieses Gebiets und lasse die Sehenswürdigkeiten und Kunstschätze Lissabon's unerwähnt.

Lissabon liegt 16 *km* von der Mündung am rechten Ufer des Tejo (Tagus der Alten) und das Marine-Observatorium genau 38° 42′ 15,2″ n. Br. und 0° 36′ 25,0″ w. L. von Greenwich [2]). Natürlich beziehen sich alle portugiesischen Karten auf die Sternwarte von Lissabon. Wann wird man dahin kommen, endlich einmal von der ersten Sternwarte der Welt, Greenwich, die Längen zu zählen!

Lissabon hat nach BEHM & WAGNER, Bevölkerung der Erde, VII, mit den beiden Vorstädten Belem (30,029) und Olivaes (28 910) 246 343 Einwohner. Ob die Vorstadt Poço do Bispo (Stat. 4 *km*, während Olivaes 7 *km* von Lissabon entfernt ist) mitgerechnet ist, geht aus der Estatistica de Portugal 1878 nicht hervor. In Poço do Bispo sind grosse Speicher und Waarenlager für alle Export- oder Transitgüter. Die von überseeischen Häfen ankommenden Schiffe lagern hier ihre Güter, wenn dieselben ausserhalb des Zolls bleiben sollen. Diese Er-

---

1) KOHL, Geogr. Lage der Hauptstädte Europas, 1874. — Leipzig, VEIT & Co. S 126. —

2) Das Royal-Observatory 38° 42′ 31″ 3 n. Br. und 0° 36′ 36″, 1 w. L. von Greenwich (Nautical Almanach).

scheinung des regsten Waarenverkehrs am äussersten Ende des Hafens von Lissabon ist durch die Mündungsverhältnisse des Tejo bedingt.

»Der Fluss wird erst in der Nähe der portugiesischen »Grenze bei Alcantara in Spanien schiffbar, wenn er auch »weiter stromaufwärts von kleinen Barken zu gewissen Zei»ten befahren wird.« (PERRY.)

Von Bedeutung ist die Schiffahrt von Villa Velha, regelmässig wird dieselbe aber erst von Abrantes. Grosse Dampfboote können jedoch nur bis Santarem fahren. Nichts destoweniger kann man behaupten, dass die 256 *km* Unterlauf des Stromes Portugal von ausserordentlichem Nutzen sind. Die ganze Länge des Stromes beträgt 810 *km*, von denen nur wenige in Spanien der Schiffahrt zu Nutze kommen. Bei dem Städtchen Alverca, 22 *km* von Lissabon, tritt der Tejo in sein Ausmündungsbecken, dessen westliches Ufer in kleine Wasserbecken zur Gewinnung des Salzes getheilt ist. Diese Salzpfannen begleiten den Reisenden auf der 18 *km* langen Eisenbahnstrecke von Poço do Bispo nach Alverca. Die östlichen Ufer sind dagegen sumpfig und sandig, und es geschieht nichts, soviel wir beobachten konnten, um dem Vordringen dieser Ablagerungen landeinwärts Einhalt zu thun.

Trichterförmig endet dann die Tejo-Mündung. Selbst bei starken Anschwellungen des Stromes in seinem Oberlauf fliesst die Wassermasse nicht so ungestüm, und für die Schiffahrt hinderlich, wie beim Douro, dahin. Die bei keinem portugiesischen Flusse fehlende Barre vor der Mündung erreicht eine bedeutende Länge und ist tief fahrenden Schiffen bei den Gezeiten gefährlich.

Da das Becken noch nach Süden die Barreiro-Bucht entstehen lässt, so ist hier ein vorzüglicher Hafen geschaffen, der die grössten Flotten der Welt aufzunehmen im Stande ist. Der Felsen »Capa-rica«, Lissabon gegenüber, der sich von Almada (4940 Einw.) bis Trafaria hinzieht, erhöht die malerische Einfahrt und verdeckt den kahlen unfruchtbaren Norden der Arrabida-Halbinsel. Noch heutigen Tages verfolgt den Besucher Lissabon's die Erinnerung an das Erdbeben vom 1. November 1755, das in einer Viertelstunde das alte Lissabon mit seinen Kunstschätzen und Bauten zerstört hat.

Schon unter VIRIATHUS (150—140 v. Chr.) war die Hauptstadt Olisipo[1]) der Lusitanier an der Mündung des Tagus bedeutend. Das Erdbeben hat fast jede Erinnerung an die einstige Grösse Lissabon's zerstört. Langgestreckt zieht sich die neue Stadt an dem Ufer des Tejo hin, Stadttheil über Stadttheil thürmt sich an den verschiedenen, heute nicht mehr zu unterscheidenden sieben Hügeln auf, bei einer Abend- oder Morgenbeleuchtung eines der grossartigsten Panorama's Europa's. Erst mehrere Rundgänge durch die Stadt und Beobachtungen ausserhalb der Vorstädte beweisen dem Fremden, dass er auf vulkanischen Gesteinen wandelt, wenn ihn nicht einzelne Kirchenruinen an Erdbeben erinnerten. Die auf Kalkstein liegenden Stadttheile haben wenig bei dem grossen Erdbeben gelitten, so namentlich Belem, das auf Jurakalk steht, während im Osten der Stadt die tertiäre Thonschieferformation die Erschütterungen vergrössert hat.

Wenn man von den Granitfelsen[2]) der Penha bei Cintra, von diesem fruchtbaren kleinen Fleckchen Erde zurückkommt auf das unfruchtbare basaltische Gestein in unmittelbarer Nähe Lissabon's, so erkennt man leicht den engen Zusammenhang, der zwischen der geologischen Beschaffenheit des Bodens und dem landschaftlichen Cha-

---

1) Auf einer persischen Landkarte zu Anfang des 16. Jahrhunderts hiess Lissabon: Pae-takht-frang. vide KOHL, Geogr. Lage der Hauptstädte Europas, 1874. Leipzig, VEIT & Co. —

2) Granit, Gneiss, Glimmer.

rakter der Gegend besteht. Die Eigenschaften des Bodens sind aber in keiner Weise bestimmend auf die Ansiedelung der Bevölkerung gewesen, sondern lediglich die hydrographischen Verhältnisse des Tejo. Da die wichtigste Flussschiffahrtslinie, wie wir oben erwähnt haben, von der Mündung bis zur spanischen Grenze reicht, die Ufer des Tejo sich durch schöne Laubwaldungen, welche vortreffliches Schiffsbauholz liefern, und ferner das Tejo-Gebiet, wie fast alle Flussthäler Portugal's, sich durch ein feuchtwarmes Klima auszeichnen, so musste sich die Bevölkerung namentlich in der Nähe der Tejomündung concentriren. Die Ansiedelung musste hier um so grösser werden, weil die portugiesischen Volksmassen vom alten Seehafen Cale bei dem heutigen O-porto längs des Küstengebietes zuerst nach Süden zogen und dann von der Basis dieses Gestades aus weiter nach Osten vordrangen. Der Hinweis von KOHL, dass der Name der Provinz Beira Strand, Küste bedeutet, ist für eine Einwanderung von der Seeseite nach Osten hin nicht entscheidend, denn Beira ist das portugiesische ribeira aus riparia, von ripa entstanden, also römischen Ursprungs. Die geographischen Verhältnisse der Küste lassen es unwahrscheinlich erscheinen, dass eine Bevölkerung zwischen Douro und Tejo am Meeresgestade längere Zeit angesiedelt gewesen ist. Nur die Küste nördlich von Oporto eignet sich für ein Küstenvolk. Von Porto südlich bis zum Cabo Roca streicht die Küste in solch gerader Linie, dass die Mündung des Mondego eine Ausnahme dieses monotonen, öden, sandigen Gebietes ist.

Die sprachlichen Reste der alten Völkerschaften Portugal's sind so äusserst mangelhaft, dass ich daran erinnern möchte, welche Bedeutung auf die ethnographischen Verhältnisse gelegt werden muss, die leider noch so wenig aufgeklärt sind. Die Sprache der Galegos (Galizier) unterscheidet sich heute noch ganz bedeutend von der castilianischen, und die Bevölkerung im Norden Portugals hat auch in Sitten und Tracht Anklänge an die Galiziens, dass es sich wohl einmal der Mühe lohnen würde, den ethnographischen Verhältnissen Nordportugals ein eingehendes Studium zuzuwenden.

Im Süden und Mittel-Portugal haben theils römische, theils arabische Eroberungszüge das Einheimische zerstört. Man muss bedenken, dass gerade im Tejothal und in Lissabon Karthager und Römer längere Zeit angesiedelt waren, und ihre Mischung mit den einheimischen Stämmen die unausbleibliche Folge des Zusammenlebens wurde.

Habe ich hiermit schon angedeutet, wie sich die Bevölkerung nördlich vom Douro scharf von der des übrigen Portugals unterscheidet, wie ferner die hässliche Mischrasse im Süden, die von uns bis zum Tejo beobachtet wurde, dort wieder dem echt portugiesischen Bauerntypus Platz macht, der zwischen Tejo und Douro auftritt, so kann ich doch diese Beobachtungen nicht durch anderweitige Beweise unterstützen und muss dieselben hier nur vorübergehend berühren. — Ein Typus der portugiesischen Bevölkerung contrastirt aber so auffallend mit allen anderen, dass ich mich wundern muss, ihn bei keiner Beschreibung Lissabon's oder Oporto's erwähnt gefunden zu haben. Ich meine die Fischermädchen, welche dem Fremden sowohl in Lissabon, wie auch in Oporto auffallen, und die nur in den Städten und Ortschaften zwischen den genannten Städten vorkommen. Schon bei meinem ersten Besuche in Lissabon fielen mir diese zuweilen nicht unschönen Gesichter auf. Sie stammen alle aus dem Mündungsgebiet der Vouga, aus der Gegend von Aveiro und Ovar, und kommen nur vorübergehend nach den beiden genannten Hafenstädten. Von den portugiesischen Frauen des Nordens sind sie leicht zu unterscheiden. Die Wasserträger dagegen, welche eine Genossenschaft bilden, sind sämmtlich Gallegos, Einwohner Galiziens.

An den Fontänen (chafarizes), in der Nähe des Hafens, auf der Praça do Commercio, spielt sich das eigentliche Volksleben ab. Wie bei fast allen südländischen Völkern sind auch in den volksthümlichsten Theilen der Stadt die Gewerbe »gildenartig« zusammen gelegen. In der rua Aurea bewundern die Bäuerinnen und Senhoras der Stadt mit begierigen Augen die Reihe an Reihe sich fortziehenden Schaufenster der Goldschmiede, in der Rua da Prata die Silberschmiede und zuletzt die Kleidermagazine der Rua Augusta. Dort schaut man die schweren grossen Ohrgehänge des Nordens, hier die eigenthümlichen Mäntel Estremadura's und die überall getragenen portugiesischen Hüte. Auch beim Besuch des Marktes lernt man die Bedürfnisse des Volkes kennen. In Portugal sind dieselben hinsichtlich der Industrie unbedeutend, denn von einheimischen Industrien sind nur Gold- und Silberwaaren, Spinnereien und Webereien von Baumwolle zu nennen. Für Lissabon kommen noch einige Eisengiessereien, Zuckerraffinerien und Maschinenfabriken dazu. In den übrigen Städten, ausser Oporto, fällt es auf, wenn man eine Fabrik schaut. In meinem Tagebuch habe ich selbst solche Städte als »Industriestadt« verzeichnet, in denen ich mich überzeugte, dass wenigstens in einer Fabrik (Papier oder Tuch) fleissig gearbeitet wurde.

Die Einfuhr nach Oporto und Lissabon betrifft eigentlich Alles, was der Mensch zum Essen und Kleiden gebraucht; namentlich baumwollene, wollene und seidene Waaren, Leinwand, Häute, Rohzucker, Blättertabak, Butter etc. Die Ausfuhr ist Wein, Korkholz, Olivenöl, Wachs, Südfrüchte, Kartoffeln, Zwiebeln, Salz etc.

Wer in Portugal gereist ist, wird bemerkt haben, dass das Land heute einen wohlhabenden Eindruck macht. Die

Wälder sind grösstentheils gut gehalten, die Aecker in gutem Stande, und die Bauern arbeitsam — ein ganz auffallender Gegensatz mit dem verwahrlosten Zustand der angrenzenden spanischen Bevölkerung.

Noch einmal mussten wir auf die linke Seite des Tejo hinüber reisen, um das Sado-Becken und die Stadt Setúbal kennen zu lernen. Setúbal, 14798 Einwohner, von den Engländern St. Ives genannt, betreibt einen namhaften Salzhandel mit Schweden und Norwegen. Die grossen Salzpfannen liegen im SO. der Stadt, wo die eigentliche Mündung des Sado-Flusses ist. Vor der Mündung hat sich eine Lagune gebildet, auf der die Ruinen einer kleinen römischen Stadt (Troja?) anzutreffen sind.

Auf die geologische Beschaffenheit dieses Gebietes habe ich schon an anderer Stelle hingewiesen (s. S. 13). Setúbal's Lage ist nach Lissabon die schönste. Da es auf der Nordseite der Bucht liegt, hat man zur rechten die Aussicht auf die Bergkette Arrabida, die mit dem Cabo Espichel endigt. Das Kloster Arrabida zwischen den Bergen liegt 1700 engl. Fuss, nach der VOGEL'schen Karte 1500 Par. Fuss, nach PERY's Tabelle 499 *m* hoch.

Die Stalactitenhöhle sowie verschiedene Steinbrüche von weissem, grünem und rothem Jaspis zeichnen dieses Gebirge aus, wie denn auch der Weg an dem kleinen Fischerdorf Cezimbra vorbei nach dem Cap Espichel, dem promontorium barbaricum der Römer, wegen der vorzüglichen Aussicht vom Leuchtthurm aus hervorzuheben ist. Die in der Ebene liegende Stadt Setúbal macht mit der fruchtbaren Umgebung im Norden und Westen, mit ihrem guten Hafen einen unvergesslichen Eindruck. Von der öden, sumpfigen und sandigen Ebene des Sado sieht man wegen des Ausmündungsbeckens des Flusses fast nichts. Unseren Besuch nach Troja würde ich nicht so hervorheben, wenn hier nicht im Süden jeder erhaltene Rest des Alterthums Interesse hätte. Warum die Ruinen »Troja« heissen, weiss ich nicht. MURRAY führte den Namen in seinem Handbook-Portugal pag. 52 an. Bei den Leuten in Setúbal genügte der Name »Ruinas.« Augenscheinlich haben diese Gebäude ehemals zu der Niederlassung Cetobriga gehört und bildeten den Hafenstadttheil. Reste der Badehäuser sind noch vorhanden. Wir deckten eine steinerne, mit hartem Cement ausgelegte Badewanne auf. Die Winde haben nämlich die ganze Stätte mit Sand zugedeckt, auf dem nun ein Nachtschattengewächs wuchert. Ein grösseres Gebäude fesselte unsere Aufmerksamkeit längere Zeit, da man verschiedene Schmelzöfen wahrnehmen konnte; auch gelang es, den Sand von dem Boden fortzuschaufeln, um hie und da eine Mosaikplatte zu lösen. In einem Todtenhaus, das noch halbkreisförmig vorhanden ist, fanden sich in den Nischen, aus denen die Urnen entfernt waren, noch Knochen. Man soll hier viele Münzen und Amphoren gefunden haben. Grund und Boden gehört dem MORGADO CABRAL. Ohne specielle Erlaubniss kann man hier nicht graben. Heute sind auch keine Funde mehr zu machen. Uns schien es, als ob nur eifrige Kunstliebhaber auf der Stätte »gehaust« hätten. Da gegenwärtig bei »Troja« die Schiffe ihren Ballast ablagern, so ist es ja mehr als wahrscheinlich, dass dies auch vor Jahrzehnten der Fall war, und Seeleute oder Reisende erfolgreich hier »gebuddelt« haben, denn die Gegend ist systematisch nicht erforscht.

Von Setúbal gingen wir am Nachmittag nach Palmella hinauf. Eine sehr gute Chaussee führt bis an den Fuss des Palmella-Berges, der 238 *m* hoch ist. Eine fruchtbare üppige Vegetation verräth zum Theil subtropischen Charakter. Herrliche Orangen- und Oelbaumgärten sind hier wie im schönen Andalusien! Die frischen Getreidefelder geben den Beweis, dass der Boden reichlich mit Wasser versehen ist. Der Weg führt an grossen Hecken von Granatbüschen und Ulmen vorbei. Charakteristisch ist eine Wolfsmilchart, die hier massenhaft blüht und teppichartig Wege und Stege bedeckt. Bei einer Biegung des Weges hat man plötzlich Blicke auf den Tejo, auf Lissabon, ja im Hintergrund treten die Zacken von Cintra hervor; in unmittelbarer Nähe erinnern maurische Ruinen, dass man eine alte Maurenstadt betreten hat.

Als wir oben angekommen waren und hier die Reste einer maurischen Stadt mit einem Schloss besichtigt hatten, die an den Ruinen, Ringmauern und Wasserreservoirs deutlich kenntlich waren, kauften wir aus einer Weinkneipe Wein, Brod und Käse, und unterhielten uns mit der ausnehmend hässlichen Bevölkerung, die uns umstand. Die christlichen Bauten, welche nach der Rückeroberung auf den maurischen Ruinen aufgebaut sind, gehen ihrem schnellen Verfall entgegen.

Am Fusse Palmella's erstrecken sich nach Norden ausgedehnte Pinienwaldungen, in denen hie und da alte Korkeichenbäume den Beweis liefern, dass der Pinienwald ein neuer angepflanzter Wald ist, wie auch die kleine Station Pinhal nuovo dies durch ihren Namen bestätigt. Der Boden ist hier sehr unfruchtbar und sandig, und je mehr man sich Barreiro nähert, desto trauriger werden die Naturbilder zu beiden Seiten des Weges. Man wird nur entschädigt durch die Blicke auf den Tejo und auf Lissabon.

Die von Lissabon aus zu wiederholten Malen besuchten Granitfelsen von Cintra (4751 Einw.), der Penha, der mit Cabo Roca auslaufende äusserste Westen des Estrellagebirges, das herrliche Schloss, der Park, das kleine Städtchen mit der Alhambra maurischer Könige sind so allbekannte Sehenswürdigkeiten, dass wir uns seiner Zeit einen Extrawagen nahmen, um so rasch wie möglich von Mafra aus vorwärts zu kommen. Von Cintra bis Mafra fährt man eine sehr gute Chaussee, die durch den baumlosen Character der Gegend langweilig ist. Man passirt verschiedene fruchtbare Güter. Eins, dem Marquese POMBAL gehörig, enthält auch eine landwirthschaftliche Schule, auch »Aula do Conde de Ferreira« nach ihrem Gründer genannt. Indem man über das Hügelland fährt, wechselt der Blick auf's Meer, auf das Binnenland. Man sieht fast den ganzen Weg entlang das colossale Schloss Mafra vor sich liegen. Der zu diesem Bau verwandte bunte Marmor stammt aus der Nachbarschaft (Pero-pinheiro). Auf das Schloss selbst mit seinen 9 Höfen, seinen 800 Zimmern, seinem Riesendach, auf dem 10000 Menschen defiliren können, will ich nicht näher eingehen. Wir nahmen Alles gewissenhaft in Augenschein, liessen die Glocken tönen und trieben uns lange in dem Bau umher, denn das kleine Städtchen, das wohl kaum 3000 Einwohner hat, bietet gar nichts; und dem Nachtquatier geht man in Portugal stets mit Grauen entgegen.

Am folgenden Morgen fuhren wir per Diligence nach Lissabon zurück. An ein Fortkommen nach Torres Vedras war wegen Pferdemangels nicht zu denken, auch bot die Gegend keine Abwechslung. Von hier datirt sich unser »En avant«, sobald uns der Character einer Gegend in Portugal klar geworden war.

Es ist unglaublich, wie wenig die Portugiesen ihr Land kennen. Selbst in Lissabon konnten wir an der Eisenbahn und auf den Bureaux der Diligence keine genügende Auskunft über die Verbindungen mit Thomar, Leiria etc. erfahren. Auch ist das Postwesen nur nördlich vom Douro geregelt, denn in Beira und allen südlichen Provinzen muss man lange handeln, um sein Handgepäck mitnehmen zu können; oft kostete das Gepäck soviel wie ein Personenbillet, da die Diligencen immer dicht besetzt sind.

Am 9. Mai fuhren wir mit der Eisenbahn die 121 *km* lange Strecke nach Payalvo, der Station für Thomar. (Beiläufig bemerkt, beträgt die Eisenbahnlinie von Lissabon bis Villa nova de Gaya [Oporto] 333 *km*.) Bis Alverca, dem Anfange des Tejo-Beckens, haben wir diese Strecke schon kennen gelernt. Bis Entroncamento, wo die Bahn nach Badajoz abzweigt, bleibt man in unmittelbarer Nähe des schönen Tejo. Ich habe schon an andrer Stelle den Waldreichthum dieses Thales erwähnt; besonders Oliven- und Korkeichenwaldungen, wie sie nicht schöner in Südspanien, namentlich auf unserem Ritt von Algeciras nach Tarifa von uns beobachtet wurden, trifft man in der Umgegend der Station Matto de Miranda an. Auch reiches fruchtbares Getreideland lässt auf den Wohlstand dieses westlichen Theiles der Provinz Estremadura schliessen. Von der Station Payalvo fährt man noch 7 *km* per Wagen, ehe man die hübsch gelegene Stadt Thomar (5105 Einwohner) erreicht. Eine schauderhafte Hospederia (Gasthaus) nahm uns dort auf.

Bei Thomar hat man eines der schönsten Flussthäler Portugal's erreicht: das Zezere-Gebiet. Thomar selbst liegt am Flusse Nabão, der als rechter Nebenfluss des Zezere sich mit diesem aber erst kurz vor dessen Einmündung in den Tejo vereinigt. Wir sind hier, was die Bodenbeschaffenheit betrifft, ganz im Gebiet tertiärer Ablagerungen, nämlich der unteren Süsswasserbildungen. Das hier von SW. nach NO. streichende Juragebiet, überlagert von einem Kreidebecken, kennzeichnet sich auch in der Art der Vegetation. In der Ebene wachsen ausschliesslich Oliven- und Fruchtbäume, die einer sorgsamen Pflege bedürfen. Das üppige wildwuchernde Gedeihen der Waldbäume tritt hier noch nicht so markirend auf, wie bei den Thälern des Vouga, des unteren Mondego, und vor Allem des Tamega.

Thomar ist in der Nähe der Ruinen des alten Nabantia wieder aufgebaut und hat vorwiegend christliche Denkmäler. Auch aus den Kämpfen mit den Mauren ist Thomar bekannt, die hier einen blutigen Sieg gegen die Templer erfochten. Auf dem Monte Christo sind Kloster und Schloss der Templer auf maurischen Ruinen wieder aufgebaut Am auffälligsten ist der Flamboyant-Stil an dem einen Klosterfenster ersichtlich.

Die herrliche Aussicht von diesem Hügel auf das um liegende Land scheint mir aber bemerkenswerther als diese Ausschreitungen der Architectur. Eine Papier- und Baumwollen-Fabrik machen Thomar zu einer Fabrikstadt. Nach Besichtigung der Umgegend fuhren wir wieder an die Bahn, um 11 *km* weiter nach Chão de Maças zu kommen, wo die Landstrasse von Thomar nach Leiria die Bahnlinie schneidet. Zwei Uhr Nachmittags fuhren wir in recht zerbrechlicher, kleiner, überfüllter Postkutsche über einen unfruchtbaren Höhenrücken nach Ourem, wo eine maurische Schlossruine wieder an die Geschichte erinnert. Von Ourem ändert sich die Landschaft plötzlich; man fährt von hier durch grosse Pinienwaldungen und an Wein- und Maisanpflanzungen vorbei. Dieses Gebiet gehört im Wesentlichen der oberen Süsswasserbildung an und erstreckt sich vom Cabo Carvoeiro bis nach Ovar (40° 50′) nnd zwar in einer Breite von 30 *km*. Das Terrain ist ein welliges Hügelland, wiederholt hat man Aussichten auf dicht geschlossene Waldungen. In den geschützten Thälern trifft man viele Oliven und Korkeichen an. Auf den Feldern war man am 10. Mai schon mit dem Einfahren und Dreschen der Gerste beschäftigt, was überall auf offenem Felde geschieht, um darauf den Mais zu pflanzen. Eine kleine Cisrose wuchert auch hier überall, die ja im Norden Marocco's und in Südspanien die characteristische Feldblume ist; ebenso ein Ericastrauch mit röthlichen Blüthen.

Leiria erreichten wir gegen Abend und waren erstaunt, in dem Gasthaus »João Rei« ein reinliches Quartier zu finden. Leiria mit 3570 Einwohnern ist am Flusse Liz gelegen, der nach Norden fliessend sich in's Meer ergiesst und gleichsam auf den Karten die nördlichste Grenze der grossen Pinienwaldungen von Leiria bildet, welche das Städtchen von allen Seiten umgeben. Man sieht, wie in unmittelbarer Nähe der Stadt sich der Ackerbauer von Jahr zu Jahr sein Terrain wieder erobert hat. Die Leiria-Hügel liegen auf einer ringsum von Süsswasserbildungen umgebenen Wealdenthon-Oase. Auch hier fehlt die übliche Ruine nicht, die ich noch am Abend zeichnen konnte. Die folgenden Tage brachten andauernde Regenschauer, so dass an ein Beobachten im Freien nicht zu denken war. Leiria's Schloss war ein Lieblingsaufenthalt des Königs DON DINIZ und seiner Gemahlin ISABEL. Die kleine Stadt verdankt diesem Könige ihre Existenz, denn derselbe pflanzte den Pinienwald Monte Real, 8000 Hectare gross, der sich im Westen der Stadt bis zum Meere hin ausdehnt und hier das Land gegen die Verheerungen schützt, die früher durch das Zusammenwehen der Sanddünen weit in's Land eindrangen und heute noch das ganze Küstengebiet nordwärts fast unbewohnbar machen.

Ein origineller Familienzwist hätte uns beinahe länger in dem reinlichen Gasthause festgehalten. Unsere Wirthin, mit der wir uns gut gestellt hatten und die uns freundlich Auskunft über Alles gab, lebte in Unfrieden mit ihrem Ehegatten, der im unteren Stockwerk wohnte und das Fuhrwerk unter sich hatte, und uns am anderen Tage nach Batalha mitnehmen sollte. Dies suchte sie auf alle mögliche Weise zu hintertreiben und wetterte gegen ihren Mann und die Knechte am Tage der Abfahrt so, dass ich zuletzt mit zuschelten anfing und die Sache noch schlimmer geworden wäre, wenn ich ihr nicht das portugiesische

Sprüchwort »Endiabrador como a padeira d'Aljubarrota« — »Teuflisch wie die Bäckerin von Aljubarrota« entgegengerufen hätte, wodurch die ganze Gesellschaft, weil ein Fremder dieses Wort gebrauchte, so laut lachte, dass die Stimmung umschlug, und wir eiligst da vonfuhren.

In dieser Gegend, südlich von Leiria, liegt nämlich das berühmte Schlachtfeld des Jahres 1385, auf dem Portugal seine Unabhängigkeit behauptete durch den gefeierten Sieg von Aljubarrota, südlich von Batalha und Alcobaça. Eine Bäckerin, erzählt man, habe sich mit ihrer Pfanne gegen 7 spanische Soldaten vertheidigt, und seit jener Zeit sei obenerwähntes Sprüchwort aufgekommen. Von hier bis Coimbra ist namentlich die Frauenbevölkerung hübsch zu nennen. Batalha aber hat ausschliesslich architektonisches Interesse. Die Kirche ist entschieden das schönste Bauwerk Portugals und übertrifft bei Weitem Belem. Leider konnte ich keine Photographie der capella imperfeita auftreiben, wer sich dafür interessirt, der wird in der »History and description of the Royal Monastery at Batalha von James Murphy, London« eine ausführliche Beschreibung dieses Bauwerkes finden. Der Klosterhof, die Fontaine sind etwas ganz Eigenartiges; das Kloster, die capella do fundador, sowie der ganze Bau beweisen, wie nach den Entdeckungen Vasco de Gama's und Cabral's der Reichthum aus den neuen Kolonien Portugal überschwemmte und dieser Ueberfluss auch die Architektur beeinflusst hat. Der grossartig angelegte Bau der capella imperfeita ist unvollendet geblieben, aber die Schönheit und der Reichthum des W-Bogens in diesem Octagon wird vor dem weiteren Verfall geschützt, da auf Veranlassung des Don Fernando jährlich eine Summe für die Restaurirung der Batalha-Kunstwerke ausgesetzt worden ist. —

Von Leiria fuhren wir 4 Stunden auf einem kahlen, sandigen Hügelrücken entlang, sobald wir die Pinienwaldung in unmittelbarer Nähe Leiria's hinter uns hatten. Viele Schafheerden und ärmliche Dörfer passirt man, ehe man in das Thal von Pombal hinunterfährt, das ein Seitenthal des Mondego, wieder äusserst fruchtbar ist. Viele Oliven, immergrüne Eichen und reiche Kulturen erfreuen das Auge. Hier konnten wir zuerst einem echt portugiesischen Marktleben zuschauen und eigenthümliche Trachten bewundern, welche auch in der Gegend von Leiria üblich sind. Der dunkle Rock mit dem rothen Randbesatz, der Männerhut der Frauen, die aber meistens die Kopftücher tragen, verrathen maurische Beeinflussung; namentlich die langen Mäntel der Frauen. Die Männer tragen andalusische Tracht mit schwarzem portugiesischen Landhut, der im ganzen Lande üblich ist.

Pombal ist eine hübsche Stadt mit 4384 Einwohnern (170 *km* von Lissabon) und erinnert an den berühmten Staatsmann Marquis DO POMBAL — JOSE DE CARVALHO E MELLO — der hier in der Verbannung auf seinem Schlosse 1782 gestorben ist. Durch eine fruchtbare alluviale Ebene führt die Eisenbahn an den Mondego, den Fluss der Musen, und bei Formoselha geht es stromaufwärts an reichen Olivengärten vorbei nach der malerisch gelegenen Bergstadt Coimbra. Eine Eisenbrücke trennt die kleine Vorstadt von der eigentlichen Stadt, die sich am nördlichen Ufer des Mondego am Berge anlehnt und sich gleichsam um das hoch gelegene Kloster Santa Clara gruppirt. Die Lage ist ausserordentlich malerisch, und auch die Umgegend und das Thal des Mondego regen den Naturfreund ganz besonders an. Das fast ununterbrochene Regenwetter, der grenzenlose Schmutz portugiesischer Bauernhäuser, die häufigen Ueberschwemmungen des Flusses zur Winterszeit stimmen diese Begeisterung für den rio das Musas ganz bedeutend herab. CAMOENS besingt in den Lusiaden den Mondego folgendermassen:

Vão as serenas aguas
Do Mondego deslizando
E mansamente até o mar não parão.

Das heisst:

Es fliessen die klaren Wasser
Des Mondego sanft und ruhig dahin,
Bis sie im öden Gebiet das Meer erreichen.

Der Mondego hat, wie kein anderer Fluss in Portugal, Anspruch darauf, besungen zu werden; ganz abgesehen davon, dass er der grösste echt portugiesische Fluss ist, weil er in seiner ganzen Länge Portugal angehört. Er entspringt auf dem Estrella-Gebirge und fliesst in einer Richtung von NNO. nach SSW. 200 *km* durch ein reiches fruchtbares Land. Für eine Strecke von 84 *km* ist er schiffbar. Bei Coimbra durchbricht er das schmale, lange Triasband, nachdem er die an das Granitmassiv anliegenden älteren paläozoischen Schichten durchströmt hat. Ein ausserordentlicher Waldreichthum in der Nähe Coimbra's kennzeichnet seine Ufer. Ich erinnere daran, dass Coimbra die Hauptstadt der alten Beira-Provinz ist und sogar nach Wiederherstellung der portugiesischen Monarchie bis zur Zeit DON JOAO I. Hauptstadt des Reiches war. Die Einwohnerzahl scheint sich in den letzten 10 Jahren wenig verändert zu haben; wenn auch die Zahlen der letzten Jahre Verschiedenheiten zeigen, so liegt dies wohl namentlich an dem mangelhaften statistischen Material. Gegenwärtig zählt man 13 369 Einwohner.

Coimbra (Anhang S. 81.) ist die dritte Stadt im Königreiche und kommt, was die Wissenschaften betrifft, gleich nach Lissabon. Mit ausserordentlicher Liebenswürdigkeit und Bereitwilligkeit zeigte man uns das Universitätsgebäude, die Kliniken, Museen und den botanischen Garten, das

Observatorium, und gab uns klare Auskunft über alle Fragen, nur nicht über die nächstliegenden, nämlich über die Routen in's Estrella- und Gerez-Gebirge und unseren Weg nach Spanien! Wir wohnten im Hotel Mondego, in dem wenig Ungeziefer uns quälte, und das wegen der vorzüglichen Aussichten, selbst bei Regenwetter, besonders zu empfehlen ist. Im District Coimbra's muss die Woll-Industrie hervorgehoben werden, wie denn auch im Mündungsgebiet des Mondego die Salzgewinnung mit Erfolg betrieben wird. Ueber die Bauten und historischen Erinnerungen kann ich hinweggehen. Die »Historia Breve de Coimbra« von BERNARDO DE BRITO BOTELHO 1733, und »Andiguidades de Coimbra» von ANTONIO COELHO GARCO sollen in dieser Hinsicht viele Auskunft geben. Die Trachten des Bauernvolkes unterscheiden sich kaum von denen Estremadura's. Auffallend und eigenthümlich ist die Studententracht. Durch lange schmale Sackröcke und Mäntel, durch den blossen Kopf, unter dem Arm die Collegienhefte zwischen zwei grossen polirten Brettern, die durch bunte Bänder zusammengehalten werden, sind die Studenten schon von weither kenntlich. Auch die Professoren gehen ähnlich gekleidet. Oft ziert eine schwarze Bauernmütze à la Masaniello den Kopf, die auch die Studenten tragen, nur dass bei den letzteren die Sackmütze lang ist. Bei dem Regenwetter kamen die Strohmäntel der Bauern mehrfach zum Vorschein. Sie werden ja von den verschiedensten Völkern der Erde getragen, bei Chinesen, Japanern, wie bei Italienern, Spaniern u. s. w., dass man hieraus folgern kann, wie in der Erfindung von Schutzmitteln gegen die Naturgewalten auf der ganzen Erde die Menschen gleichartige Gedanken hatten, wenn ihnen das Rohmaterial zur Hand war.

Nicht unerwähnt darf man den »Affen-José« im Hotel Mondego lassen, der Oberkellner des genannten

Hotels ist und sich bei allen Fremden, welche Coimbra besucht haben, bekannt und beliebt gemacht hat, trotz seiner abschreckenden Hässlichkeit. Ihm verdanken wir manche kleine Winke, namentlich bei den fast unnützen Besichtigungen in der Stadt, denen man sich nothgedrungen unterziehen muss.

Früh um 5 Uhr fuhren wir mit der Eisenbahn 19 *km* nördlich, um so früh wie möglich von der Eisenbahnstation Mealhada, Bussaco und zunächst den Badeort Luso zu erreichen. Von dem berühmten »Bairrada-Wein«, der Mealhada berühmt machen soll, haben wir zu so früher Tagesstunde nichts zu kosten bekommen. Nachdem die Weinschläuche gefüllt und die üblichen kalten Hühner und Eier eingepackt waren, traten wir die Fahrt an. Man fährt jetzt eine ziemlich gute Strasse wohl eine Stunde bergan und hat weite Blicke auf bewaldete conische Hügel. Die Kiefer ist hier der Hauptrepräsentant, doch gewahrt man auch sehr viele Olivenpflanzungen. Das portugiesische Olivenöl ist im Handel nicht besonders beliebt, was lediglich an der schlechten Behandlung der Früchte liegt; denn die Bäume sehen überall sehr gesund und kräftig aus und stehen den südfranzösischen und italienischen nicht nach. Die Oliven dürfen aber beim Liegen nicht in Gährung übergehen, müssen deswegen nicht hoch aufgeschichtet werden. Es ist kaum glaublich, dass weder die Besitzer, noch verständnissvolle Beamte die Bauern auf die Behandlung der Oliven nach der Ernte aufmerksam machen. Um 7 Uhr Morgens erreichten wir den Badeort Luso, der am Fusse des Bussaco-Hügels liegt, dessen Spitze 557 *m* hoch ist. Luso ist ein hübsches Dorf, das hoch auf welligem Terrain liegt, sich aber bei näherer Besichtigung durch schmutzige, kleine Bauernhäuser auszeichnet. Wenn Jemand sich einen Begriff machen will von dem gänzlichen Mangel an Luxus und Bequemlichkeit, in dem die portugiesischen Adligen die »Badesaison» verbringen, so muss er hierher kommen, um diese kleinen Landhäuser zu sehen, die bei unserer Anwesenheit am 16. Mai noch verschlossen waren, weil die Sommersaison noch nicht begonnen hatte. Was uns den von der Ferne sehr schön gelegenen Ort noch trauriger machte, war der Mangel an Nahrung. Bussaco ist in der Geschichte bekannt wegen des blutigen Sieges der Engländer und Portugiesen über die Franzosen am 27. September 1810. Was den Reisenden aber Bussaco sehenswerth macht, ist der grosse schöne Cypressen-Eichwald, der den ganzen Hügel einnimmt. Nachdem man den umgewehten Granitobelisk vor einem Seitenthor des ummauerten Waldes passirt hat, der zum »ewigen Andenken» an den erwähnten Sieg am 29. September 1873 errichtet worden ist, betritt man den düsteren, unheimlichen Wald von Bussaco. Mich erfasst stets ein Abscheu und Grauen, wenn ich die verzehrten Bilder christlicher Heiligen sehe, man verzeihe mir daher, wenn ich kein Wort über das hässliche Kloster und die vielen Betstationen mit den Bildnissen und Statuen dieser gottähnlichen Menschen erwähne. Wir constatirten auch hier, inmitten eines tiefen Waldfriedens, die Rohheit französischer oder englischer Krieger, die diese Bauten auf das Jämmerlichste beschädigt haben. Ich halte es für eine Pflicht des Reisenden, dieses zu constatiren, weil es Streiflichter auf die Disciplin der Truppen der damaligen Zeit wirft. Beim Besuch des Batalha-Klosters fühlt sich der Besucher empört beim Anblick der verstümmelten Bildhauerarbeiten innerhalb geweihter Kirchengebäude.

Die botanischen Studien, welche man im Bussaco-Walde anstellen kann, werden dadurch beeinträchtigt, dass wir es mit einem einstmals angelegten und durch Jahrhunderte hindurch wohlgepflegten Walde zu thun haben, in dem Päpste und Herrscher seltene Bäume anpflanzten, seitdem

Urban VIII. die Waldungen heilig gesprochen und laut einer Bannbulle vom Jahre 1643 alle diejenigen verdammte, welche die Bäume beschädigten oder fällten. Schon 1600 wurden Cypressen von Goa hierher gebracht, daher behaupten die Portugiesen, dass alle portugiesischen Cypressen von ihnen abstammen. Heute sind die Cypressen nicht mehr vorherrschend, sondern die Eichenarten. Man verwendet gegenwärtig grosse Sorgfalt auf die Erhaltung des Waldes, in dem man Stunden lang spazieren gehen kann. Försterfamilien bewohnen jetzt das Kloster, das soweit hergerichtet ist, um zeitweilig der Königlichen Familie zum Aufenthalt dienen zu können. Die im Walde zerstreut liegenden Wohnhäuser der Eremiten, die auch, wie die Bethäuser, Leidensstationen und Kapellen, theils zerfallen, theils zerschlagen sind, lassen den Wald verwahrlost erscheinen, was er aber nicht ist.

Neun bis zehn Quercus-Arten, Lorbeerbäume, Ilex und Cypressen stehen hier in wunderbar schönen Exemplaren. Nur ein oder zwei grosse Alleen zeigen noch den früheren Charakter, den der Wald gehabt haben muss, als die Cypressus lusitanica, die man in Portugal überall Cedro de Bussaco nennt, vorherrschend war. Mendes hat eine kleine Schrift über Bussaco geschrieben, welche ich in einer Flugschrift von Silva Mattos erwähnt finde, und da ich die namhaftesten Repräsentanten dieses Waldes darin mit meinen Aufzeichnungen übereinstimmend finde, lasse ich die Liste im Anhange folgen (pag. 81). Das Verzeichniss aller fremden bis 1856 eingeführten Pflanzen von demselben Autor lasse ich aber unerwähnt.

Von dem Hügel des Bussaco-Waldes hat man eine weite Aussicht auf das Estrella-Gebirge, das uns seiner Zeit wie eine schwer zu lösende Aufgabe bevorstand, denn je näher wir diesem »Steinhaufen« kamen, desto unsicherer wurden unsere Fragen beantwortet, und desto mehr machte man uns auf die Unmöglichkeit aufmerksam, Mitte Mai die Höhe zu erreichen. Am folgenden Morgen fuhren wir mit der von der Mealhada-Station kommenden Kutsche nach Mangualde, das wir nach 12stündiger Fahrt erreichten. Die sehr gut gehaltene Strasse führt zuerst über die Ausläufer des in der höchsten Erhebung 1070 *m* hohen Caramullo-Höhenzuges hin, um dann bei dem Städtchen Campodão das Thal des Dão zu erreichen, der als rechter Nebenfluss des Mondego sich mit diesem etwa 10 *km* südlich vereinigt. Dann fährt man zwischen den beiden schönen Flüssen entlang, ein beschwerlicher, aber im höchsten Grad lehrreicher und interessanter Weg, weil er durch sehr volkreiche Distrikte führt und man beim Pferdewechsel Zeit genug behält, die ganze Oertlichkeit kennen zu lernen und neuen Proviant: Brod und Wein einzukaufen. Hier bei Campadão ist man im volkreichen Beira alta, thalaufwärts kommt man in die grosse Granitregion, welche fast den ganzen Norden Portugal's einnimmt. Sobald man im Thal entlang fährt, wird die Gegend wieder waldreich. Man findet auch hier grössere Höfe und Güter, um die sich augenscheinlich die Dorfschaft in alten Zeiten angebaut hat. Mangualde mit 4517 Einwohnern erreichten wir Nachmittags 5 Uhr und waren damit 80 *km* von Mealhada entfernt. — Nach einem entsetzlichen Quartier im überfüllten lärmenden Gasthaus setzten wir uns 4 Uhr Morgens auf die nach Gouvea fahrende Kutsche, nachdem wir am Abend vorher den Palast der Famile DE PAES besichtigt und das Nachtleben in dieser Handelsstadt bewundert hatten. Von Mangualda zweigen sich Routen nach Vizeu im NW., nach Celorico im Osten und nach Mealhada ab, denn der ganze Verkehr von Ost-Beira alta und baixa geht über Mangualde. Die Postkutschen, die zweimal täglich fahren, sind daher in dieser Gegend erst recht dicht besetzt. —

Diese vierstündige Fahrt nach Gouvea gehört zu den schönsten Routen in Portugal, denn nach Südosten vordringend, fährt man über ein hochgelegenes Plateau an Pinien- und Kieferwaldungen und Getreideäckern zum tief in das granitische Gestein sich hindurchzwingenden Mondegofluss hinab, den man auf grosser Brücke überschreitet. Nachdem die Strasse in mehrfachen Windungen den Fluss erreicht hat, dessen steile felsige Ufer bewaldet sind und der durch Wasserfälle den landschaftlichen Reiz seines Thals erhöht, kreuzt man jenseits des Mondego die von Coimbra nach Celorico gebaute Strasse und fährt nach Gouvea hinauf, ein Gebirgsstädtchen an einem Nebenfluss des Mondego gelegen, mit mehreren Tuchfabriken, Schloss und Park. Von hier aus kann man die am Hügel stehende Kapelle bei Mangualde deutlich mit unbewaffnetem Auge erkennen. Gouvea ist als Ausgangspunkt für die Estrella-Besteigung zu empfehlen, weil dieselbe von hier rasch und bequem bewerkstelligt werden kann. Dass wir recht lange handeln mussten, um Pferde zu engagiren und genügend Proviant und Futter mitzunehmen, war zeitraubend, weil man nach sechsstündiger Fahrt hungrig und durstig ist. Mit der uns aber von Marocco her einexercirten Ruhe, die bei jedem Thun ein »Will's Gott» = in shallah begleitet, suchten wir die Ställe der Bauern auf, welche ihre Pferde hergeben wollten, wobei uns manche Einblicke in das Volksleben und Treiben innerhalb dieser einfachen Wohnungen gestattet wurden. Die Wichtigkeit, mit der diese Tour behandelt wurde, war äusserst komisch. Die Schäfer waren ja noch nicht einmal mit ihren Heerden auf die Matten gezogen, Schnee lagerte noch nach der Meinung der Bauern auf den Bergen. Dazu kam ein gewisses Misstrauen, das man uns entgegenbrachte, weil ich mich ganz flott mit den Frauen und Mädchen unterhielt, und durch sie schneller zum Einkauf von Mais für die Pferde gelangte. Nur die entsetzlich unbequemen Sättel liessen sich nicht ersetzen. Wir planten direkt nach Manteigas zu reiten, ein Dorf, welches in einer tiefen Schlucht liegt, durch die der Fluss Zezere schnell dahineilt. Schon der Ruf dieser »Butterstadt« war verlockend, wenn man so lange ranziges Oel und trockenes Brod gegessen hat. Jedem Reisenden rathen wir, diese Route einzuschlagen. Man kommt dort gleich in medias res und kann über die Spitze zu Fuss den etwas beschwerlichen Weg nach Corvilhã in einem Tage machen, oder von Manteigas über die Spitze nach der Pilgerstation Desterro gelangen. Wir erreichten, nachdem wir durch die Nachlässigkeit unserer Führer mehrmals die Richtung verloren, den Reitweg, der nach Cea führt, und waren gezwungen, direkt via St. Romão nach Desterro hinauf zu reiten. Sehr bemerkenswerth sind die Aussichten auf das Estrella-Gebirge, die schon auf der Fahrt von Mangualde nach Gouvea beginnen. Umgeben von einzelnen getrennten Bergketten treten nämlich das Estrella-Gebirge und das im NW. gelegene Caramullo Gebirge zu beiden Seiten der Mondego-Hochebene hervor. Die nordwestliche Hälfte des Estrella-Gebirges besteht ausschliesslich aus Granit-Gesteinen, während sich im Süden das cambrische Gebiet anlehnt, durch welches der viel gewundene Fluss Zezere sich malerisch hindurchwindet und ein ausserordentlich fruchtbares Thal entstehen lässt[1]). Beim Anblick des Estrella-Gebirges staunt man über die sanften Linien desselben, das mit seinen kahlen Höhen, mit seinen fruchtbaren, reich bepflanzten Aeckern und Gärten und seinen zahlreichen Ortschaften am Fusse grosse Kontraste hervorruft. Das erste Dorf, das wir nach Gouvea passir-

1) Am Monte Feital, Sierra d'Estrella tritt Zinnerz derb und krystallisirt (in den bekannten Zwillingen) auf. Sein spec. Gew. ist in Folge des 8 pCt. übersteigenden Eisengehalts ein niedriges. Breithaupt, Mineralogische Notizen N. Jahrbuch f. Min. 1872. 818.

ten, heisst Passos. Dann folgten rasch auf einander S. Martinho und Vodra, bis wir vor uns das hübsch gelegene Ceia liegen sahen, dessen Kirche sich in der hohen Lage ganz imposant ausmacht. Das Städtchen liegt auf gleicher Höhe mit Gouvea und ist von zahlreichen Kastanienbäumen umgeben. Beide haben wohl ca. 1500 bis 2000 Einwohner.

Nachdem wir auf den kleinen, sehr guten Bergpferden das Städtchen passirt, ritten wir den Weg steil bergan. Man kommt hier an eine vorspringende Bergkette des Gebirges und hat nach Süden und Westen eine herrliche und weite Aussicht, die noch auf unserer Tour durch die Beleuchtungen des Abendhimmels verschönert wurde. Als wir nach einer Stunde in S. Romão, das oberhalb Ceia liegt, ankamen, tauchte die Sonne eben im Westen unter. San Romão ist ein echtes Fabrikstädtchen im Gebirge. An einer Stelle liegen 9 Wassermühlen übereinander. Von Ceia sind es noch gute 3 Stunden bergan zu reiten. Oberhalb Romão wendet sich der Weg nach Norden und geht ein tiefes Thal aufwärts.

Ehe man an die tiefe Schlucht des Alva-Flusses kommt, kündigen kleine Kapellen dem Reisenden an, dass er sich einer heiligen, zeitweilig vielbesuchten Stätte nähert. Nachdem wir über die Brücke geritten, fanden wir auf einem kleinen Plateau, zu beiden Seiten der tiefen Schlucht des Alva, Häuser und mehrere Kapellen. Um 8 Uhr Abends stiegen wir ab und durchsuchten den zur Zeit der Reise menschenleeren Ort. Der im Murray angeführte Kastellan Anselmo war todt, und nach manchem Hin- und Hersuchen fanden wir endlich ein äusserst dienstfertiges Weib, das sich als seine Tochter ausgab und uns sogleich ein leerstehendes Pilgerhaus jenseits der Kapellen aufschloss, wo wir es uns in den leerstehenden Stuben sofort wohnlich machten. Tische und Bänke waren vorhanden. Mit

Aufwendung unserer Kochkünste bereiteten wir dann ein »diner à la montagne« und tranken den Wein aus Waschschüsseln, da unsere Schläuche, was in Portugal oft vorkommt, sich durch einen unangenehmen Geruch auszeichneten. Als wir unsere Bedürfnisse befriedigt, die Pferde besorgt hatten, musste die Wirthin Heu und Stroh auf die Tische legen, um unser Nachtlager zu bereiten, während wir die Kapelle besuchten.

Am 8. Februar 1847 ist Nossa Senhora Desterro errichtet. ANTONIO MARTINHO D'ALMEIDA von Guarda kämpfte gegen die Königlichen Truppen und ward bei San Romão angegriffen. Als er sich darauf zurückzog, erschien ihm an dieser Stelle die heilige Jungfrau und in Folge dessen fühlte er sich veranlasst, sich zu ergeben. Dies ist der Sinn des Gemäldes in der Kapelle, die wir bei Kerzenlicht besahen. Um die Kapelle lief noch mehrere Male entblössten Hauptes ein armer Sünder, der irgend ein Gelübde in dieser Wildniss zu erfüllen hatte. Zurückgekehrt in unsere schmutzige Behausung, tranken wir Kaffee, rauchten unseren Tabak und machten unsere Notizen und erlebten hier in einer Höhe von ca. 3000 Fuss ein's der besten Nachtquartiere in Portugal. In der Nacht störte uns eine Schaar Ratten, die aber durch Licht von den Tischen ferngehalten wurden. Am anderen Morgen 5 Uhr konnten wir eine »von Ungeziefer freie« Nacht registriren und betraten stolz wie die Spanier die Pferdeställe, um nach der Rosinante zu sehen. Ein faullenzender Schäfer sollte uns begleiten, mit dem ich durch allerlei Scherze rasch Freundschaft geschlossen. Dass aber auch der Bursche von San Romão seinen »Steinhaufen« nicht kannte, erscheint mir mehr als bezeichnend für den mangelnden Ortssinn der portugiesischen Bauern.

Nachdem die brave Frau Rita unser mitgebrachtes Fleisch und unseren Reis für das am Abend einzunehmende

Nachtessen in Verwahrung genommen, die Pferde marschbereit waren, ritten wir von Desterro 6½ Uhr Morgens das Thal des Alvaflusses aufwärts über eine weite Ebene, Chão de Ceiras, welligen Charakters, die im Sommer Ziegen und Schafen als Weide dienen soll. Hier erst bekommt man einen Begriff von der massenhaften Lagerung des Granitgesteins. Zur Rechten, also östlich, der Coita da Rasa, zur Linken eine wellige Hochebene und die tiefe Schlucht des Alva.

Der Gebirgsweg ist mit Pferden bis zum höchsten Gipfel, dem Canares, 1991 *m* hoch, zu erreichen. Erica-Büsche, hoch und niedrig, sowie eine Juniperus-Art bilden zuerst die einzige Vegetation an geschützten Stellen. Die Gräser, die noch vor Kurzem mit Schnee bedeckt gewesen waren, sprossten hervor, auch die Matten waren schon überall grün. Je höher wir ritten, desto mehr Schnee lag in den Felsspalten, der bei Pferden und Knechten Entsetzen hervorrief. Im Grossen und Ganzen gewahrt man dasselbe Bild einer einförmigen Wüstenei. Hier und da kommt durch die Grösse der Granitblöcke Abwechslung in die Scenerie, man kann das Gebirge aber weder ein wildes, noch grossartiges nennen. Kiefernstände haben wir oberhalb der Station Desterro nicht gesehen; aufwärts reitend, trifft man auch an geschützten Stellen noch angebaute Felder. Die wilden Gräser sind überall besonders schön. Hat man das Plateau »Couvão a travessado« erreicht, das sich durch feuchte Matten auszeichnet und sumpfig ist, so kommt man in die Region der »Seen«. Dieser ganze Theil des Gebirges ist äusserst quellenreich. Die Wasser vereinigen sich an den verschiedensten Stellen und bilden Sümpfe, Lachen und Seen, namentlich da, wo eine Spaltenbildung, oft von ausserordentlicher Tiefe, die Ansammlung der Wasser begünstigt. Wie englische Reisende diese Gebirgsseen bewundern und preisen können, war uns unverständlich. Um 9 Uhr lagerten wir an einem solchen »Spaltensee«, dem lago secco, und sahen von hier aus die Zacke des Cantaro magro, eines isolirten Granitfelsen. Seine Spitze krönt eine Pyramide, die ein Portugiese dort errichtet hat, weil, wie ich annehme, nach englischen Reiseberichten dieser Pico als unbesteigbar galt. Auf dem Wege zur Spitze des Canares trifft man häufig kleine Steinpyramiden an, welche Wegweiser sind. Interessant sind aber die Steinhaufen, welche sich die Hirten errichtet haben, die von Ende Juni bis Ende September hier oben hausen. Wir haben nur in der Nähe von Desterro vereinzelt einen Hirten gesehen, der zur Saison, wo er seine Heerden auf die Höhen treibt, in Schafsfell und ziegenledernen Hosen mit der grossen Muskete und dem grossen portugiesischen Schäferhund abenteuerlich genug aussieht, wenn er plötzlich auf dem Felsen erscheint. Die Heerden sollen nach den eingezogenen Erkundigungen sehr zahlreich sein; sie gehören verschiedenen grösseren und kleineren Besitzern, die dem Schäfer eine Vergütung geben. Die Weiden sind Staatseigenthum und werden dem Schäfer verpachtet. Die Schäferhunde sind grosse schöne Thiere, weiss mit schwarzen Flecken. Auch in den Städten und Dörfern im Gebirge sieht man sie. Eine andere Hunderasse in Portugal ähnelt der auf den Balearen und canarischen Inseln.

Von den »zahlreichen« Wölfen haben wir weder etwas gesehen, noch gehört. — Möglich, dass sie im östlichen Theile des Gebirges hausen, wohin wir nicht kamen.

Von der höchsten Höhe, die ein 1802 errichteter Obelisk kennzeichnet, gingen wir theils, theils ritten wir die Kreuz und Quer über ganz haarsträubende Wege, um den Lago oscuro zu erreichen, der nur nach der Westseite freiliegt, im Osten aber von hohem, steilem Granitgestein eingeschlossen ist. Man sagt, dass er nie sein

Niveau ändere und die Bewegung seiner Oberfläche sich nach der des Meeres richte, weshalb denn auch gleich die Sage von einem geheimnissvollen Zusammenhang mit dem Meere erdichtet ist. Ein Meergott wohnt für die Gebirgsleute auch in seiner Tiefe, die kein Mensch noch je zu messen vermocht hat. (Auch wir nicht!) Dieser See ist fast viereckig und macht mit dem grünen Uferrand auf der einen und den Felsblöcken auf der anderen Seite einen malerischen Eindruck.

Von hier aus ging es abermals kletternd über Steingeröll zum Lago longoa hinunter, der keiner Erwähnung werth ist. Dieser Rückweg wurde uns durch die Schuld des Führers unangenehm. An Reiten war nicht mehr zu denken, man sprang von Felsblock zu Felsblock hinunter und musste den übrigens ausgezeichneten kleinen Pferden dies Springen beibringen, die dabei oft in einen Spalt fielen und sich blutig ritzten. Als wir am Abend glücklich wieder in Desterro waren, konnten wir uns freuen, die Pferde heil in den Stall geführt zu sehen. Zum zweiten Male schliefen wir in Desterro. Zu Fuss ist die Tour von Desterro über den Canares an den Seen vorbei nach Corvilha in einem Tage nicht gut zu machen, weil man sich auf keinen Führer verlassen kann. Auch diese Tour, die wir unternommen von 6 Uhr früh bis 6 Uhr Abends ist zu anstrengend, um mit Nutzen das Gebirge zu erforschen. Von den Karten giebt keine einzige den Charakter der Parallelketten wieder, die in ihren höchsten Erhebungen 1500—1900 *m* erreichen und dazwischen tiefe Flussthäler haben, so der Alva, welcher nach Süden zum Mondego fliesst, so der Mondego selbst, der nach NO. sich hindurchbricht und dann bei der Stadt Celorico im Bogen seinen directen Weg nach Coimbra nimmt, so der Zezere, welcher vom Cantaro Magro kommend, sich durch die südliche Kette zwingt, um dann in SW.-Richtung zum

Tejo zu fliessen. Abgesehen von diesen interessanten Flussthälern bietet das Gebirge wenig Abwechslung. So weit das Auge reicht, sieht man das gleiche Bild einer einförmigen Gebirgslandschaft, nur an vereinzelten Stellen, wie z. B. bei der Quelle des Mondego und Zezere bringt die Grösse der Granitblöcke imposante Naturerscheinungen hervor. Schön sind aber die Fernsichten, man schaut über das Caramullo-Gebirge hinüber auf's Meer, sieht fast den ganzen Norden der Provinz Beira und hat eine Aussicht auf die spanische Sierra de Gata, die sich mit der Serra de Mesas nach Portugal bis zum Estrella-Gebirge hinzieht und von diesem durch den Zezere-Durchbruch getrennt ist. Als wir oben um 12 Uhr am Obelisk standen, lag noch das ganze Mondego- und Dão-Gebiet in Wolken gehüllt, aber schon begann eine Bewegung sich bemerkbar zu machen, denn vom NO.-Winde getrieben, zogen sie das Thal entlang, immer höher steigend und sich vertheilend, bis sie das Meer erreicht hatten und sich mit den Wasserdämpfen auflösten. Man kann diese Erscheinungen in Portugal bei erhöhtem Standpunkt oft wahrnehmen. Der Wind von Osten und Norden bringt meistens trockenes, heiteres Wetter, bei Westwinden dagegen werden die Wolkenmassen von den zahlreichen Waldungen am Abhange festgehalten.

Die nun folgenden Reisetage gehören zu den angenehmsten Erinnerungen an die Portugalfahrt! Da das fürchterliche Quartier in Mangualda ein längeres Bleiben ganz unmöglich machte, so standen wir in der Nacht um 3 Uhr auf und fuhren mit der Diligence um 4½ Uhr nach Vizeu. Heller Mondschein beleuchtete die Umgegend, in deren Thälern und Schluchten der Morgennebel festgeballt lag, so dass wir auf dem hohen Sitz die Frische der Morgenluft empfinden konnten. Wenn die SSO-Winde im Winter über das Estrellagebirge wehen und hier diese ca. 500 *m* hoch gelegenen Landschaften berühren, so sinkt das Thermometer ganz bedeutend, im Sommer dagegen tritt mit dem Wechsel des Windes ein scharfer Temperaturunterschied ein. Als die Morgendämmerung begann, erschien das Bild, das sich uns entrollte, an irgend eine künstliche scenische Verwandlung zu erinnern. Mit der Auflösung der Nebel sahen wir unsere Strasse entlang, die bergauf, bergab an reichen Aeckern und kleineren Waldständen vorbeiführte, mit Menschen belebt, wie nie in Portugal zuvor. Mit der zunehmenden Helligkeit erwachte bei all diesen langsam und lautlos dahin gehenden oder reitenden Gestalten die Vorfreude auf den Markttag in Vizeu. Immer belebter wurde die Landstrasse. Hochbepackt zog der Bauer seinen Gemüsekarren vorwärts. Wohlhabende Leute ritten zu Pferde. Die meisten aber wanderten zu Fuss. »Mit allem Schmuck geschmückt«, wie der Inder sagt, zogen hier lachend und scherzend die Bauernmädchen und Frauen dem Vergnügen entgegen. Leider waren es ausnahmslos alle hässliche Gesichter und Gestalten, auch die Kinder. Kam man solcher romantisch aussehenden Gruppe näher, so schwand die Illusion schnell dahin! Die Gegend wurde aber, nachdem wir über den Dão gefahren, reicher und schöner. Weinstöcke und Fruchtbäume blieben nun charakteristisch für die Landschaft, und von den Waldbäumen trat die kleine hellgrüne, mit vielzackigen Blättern versehene Eiche (Quercus vellona) besonders hervor.

Um 7 Uhr stiegen wir im Gasthaus Vianna ab, um nach dem Frühstück sofort unsere Wanderung anzutreten. Vizeu hat jetzt 6956 Einwohner. Das Markttreiben nahm die Bevölkerung ausschliesslich in Anspruch und bald waren auch wir inmitten des allerbuntesten Lebens, obgleich ich mir immer wie ein Geheimpolizist vorkam, weil ich die Leute ausfragte, und sie meinen schlechten Madeira-Dialect nicht gleich verstehen konnten oder wollten. Dass hier Menschen aus der Umgegend von über 20—30 *km* von Vizeu entfernt zum Markttag hergekommen waren, constatire ich als Seltenheit. Ich danke diesem Zufall das Aufgeben meines Planes, nach Lamego zu fahren, das mir als wichtigste und grösste Stadt von Beira alta (8124 Einw., Bischofssitz) und frühere Residenz maurischer Könige als Ziel verlockend erschien. Als ich aber die Bauern ausfragte und über die Fahrt von Vizeu an den Douro hörte, dass dieselbe durch dünnbevölkerte Gegend und über kahle unfruchtbare Hügel führte, gaben wir diese Route auf, erkundigten uns nach der Fahrt durch das Vougathal bis nach Esterreja. Vizeu ist ein auffallend reinliches und hübsches Städtchen und, wie schon erwähnt, die bedeutendste Stadt des Binnenlandes. Da sie sowohl nach Westen den Verkehr mit der Eisenbahnroute Lissabon-Oporto bewerkstelligt, nach Südwesten eine Strasse über Campodão an die Mealhada-Station führt, so ist Vizeu auch der Knotenpunkt für die Wege nach Osten und Norden. In Oporto erzählten uns Sachverständige, dass man mit dem Plan beschäftigt sei, eine Eisenbahn über Vizeu, Mangualde, Celorico nach Ciudad Rodrigo zu bauen und mit den Spaniern in Unterhandlungen stehe, damit dieselben eine Verbindung mit Salamanca herstellen, sowie auch die 20—30 *km*-Strecke bis zur portugiesischen Grenze bauen. Es bleibt ausser Frage, dass sich der Hauptverkehr in den nächsten Jahren in seinem Wege ändern wird, wodurch das kleine Portugal sehr gewinnen muss. Von Oporto fuhr man zur Zeit unserer Reise NO. via Penafiel schon nach Cahide. Der Plan ist der, eine Bahn den Douro entlang bis nach Zamora zu bauen, welche gegenwärtig schon via Regoa bis S. Mamede in Betrieb ist. An dieser Bahnstrecke arbeiten meistens französische Ingenieure, die im Norden bevorzugt werden, während man im Süden bei den Minen und im Gebirge von Deutschen hört. Die Sehenswürdigkeiten der Stadt Vizeu beschränken sich auf Kirchenbauten, in denen alte unschöne Bilder aufgehängt sind, die wahrscheinlich nicht einmal von Schülern GRAN VELASQUEZ gemalt worden sind, stets aber von ihm herstammen sollen. Auch in Setúbal treibt man Unfug mit dem Namen dieses berühmten Malers.

Interessant ist es, ein portugiesisches Gefängniss zu sehen, das stets am schönsten Punkte der Stadt liegt, namentlich das von Vizeu. Die Gefangenen drängen sich an die offenen Gitterfenster und betteln die Vorübergehenden und Umstehenden an, indem sie ihre Bettelkörbe an Stricken auf die Strasse lassen. Die Wache, wenn überhaupt eine solche da ist, sieht dann mit scheelen Blicken auf die herbeigezogenen Gaben. Anscheinend sind es ganz harmlose Kerle, die da festsitzen. Fragt man einen Beamten, so kann man sicher sein zu erfahren, dass das Gefängniss, Dank der vorzüglichen Polizei, einen der gefährlichsten Räuber und Verbrecher der Umgegend beherbergt. Ein unglaublicher Schmutz kennzeichnet diese wie andere Staatsgebäude der kleinen Städte. Vor der Stadt besuchten wir noch den historisch denkwürdigen Platz, wo der letzte Fürst der LUSOS, VIRIATO, sich gegen die Römer vertheidigte. Die einstmals berühmte Höhle des VIRIATO ist längst verschwunden und der Name Campo Viriato ist das Einzige, was auf dieser jetzt grünen Ebene an den Untergang des Guerilla-Anführers erinnert. War die Stadt auffallend sauber, so war das Hotel dafür ganz entsetzlich schmutzig. Ich erinnere mich nie, so viel Ungeziefer zusammengesehen zu haben, wie hier in Vizeu, und führe das immer wieder an, nicht um zu klagen, sondern um zu beweisen, wie hinderlich und störend derartige »Chicanen« dem Reisenden auf die Dauer werden, der Portugal bereisen will. —

Am folgenden Morgen 5 Uhr fuhren wir über hügeliges Land die sehr schöne Bergstrasse hinab nach S. Pedro do Sul, das am Vouga-Flusse gelegen ist. Man nähert sich hier dem Gralheira-Gebirge, das wie die Estrella-Ketten aus kahlen Granitfelsen besteht, dessen Abhänge aber dicht bewaldet sind. Die begrünten Höhen mit dem Steingeröll, sowie die vielgestalteten sanften Formen geben der Landschaft grossen Reiz.

Der Vouga ist hier sehr breit, nach PERY kommen 113 Kilometer auf seinen Lauf, von denen aber kaum 42 Kilom. schiffbar sind. Von Pedro fortfahrend führt der Weg wieder bergan, man bleibt während der ganzen Fahrt im Walde, der hier und da gelichtet ist. Der Reiz der Landschaft wird erhöht durch die mehrfachen Windungen des Flusses und durch die zahlreichen Ortschaften, die umgeben von Getreidefeldern, Oliven- und Fruchtgärten, aus dem bewaldeten Rahmen der Landschaft heraustreten. Hier muss der Holzhandel nicht unbedeutend sein. Es ist erfreulich zu sehen, dass eine kundige Leitung obwaltet, und das Abholzen der Waldungen, nicht wie in Spanien, den Waldverwüstern überlassen wird. Auch im Vougathale trifft man fast nur Kiefern an; an tiefer liegenden Punkten wachsen Kastanien und Eichbäume, so wie in der Gegend von Oliveira bis Passageiros auch hohe Korkeichbäume vorkommen. Das Unterholz besteht aus Cisrosen, Erica und Ginsterbüschen. Von Passageiros abwärts ist der breiter werdende Fluss mit kleinen Kähnen schiffbar. Hier in Passageiros mussten wir einige Zeit verweilen, um unser Wagenrad ausbessern zu lassen, wenigstens zwang die Reisegesellschaft den Postillon dies zu thun, da von Oliveiras bis zum Fluss hinab die Fahrt an den Abhängen mit dem zerbrochenen und losen Rade eine mehr als halsbrecherische gewesen war. Der längere Aufenthalt bot Gelegenheit, sich über die Thätigkeit der Holzbauern, über das reichliche Vorkommen der Forellen, über die Arbeiten in den nahen Minen, und über den regen Verkehr, der von Vizeu an die Bahnlinie bestand, Erkundigungen einzuziehen. Unterhalb Passageiros fährt man nur noch eine halbe Stunde, ich möchte sagen, im schönsten Theile des Vouga-Waldes dahin, da die Strasse dann über die südwestlichen Hügel der Gralheira-Kette durch eine baumlose Gegend führt, in der nur niedrige Erica- und Ginster-Büsche vorkommen. Hier zweigt sich bei einem kleinen Dörfchen ein Weg nach den Bleierzminen von Brazal ab, die dem verstorbenen Herrn FEUERHERD gehörten. In diesen, sowie in den südlich von Albergaria-Velha gelegenen Minen wurde nach den von uns eingezogenen Erkundigungen zur Zeit unserer Reise wenig gearbeitet. (s. Anhang S. 78/79.)

Hat man das Vouga-Thal verlassen, so führt der Weg wieder durch Kiefern- und Pinienwaldungen nach NW. bis nach Albergaria, wo sich die Strasse nach der Eisenbahnstation Esterreja und nach der Küstenstadt Aveiro abzweigt.

In diesen Waldungen kommen auch Korkeichen und alte knorrige Eichen der Vellona-Art vor. Die zwischen Farren, Erica und Ginster aufspriessenden neuen Eichtriebe geben den Beweis, dass hier früher ausschliesslich Eichwaldungen gewesen sind. Nähert man sich den Ansiedlungen, namentlich den Eisenbahnstationen, so findet man heute in Portugal Eucalyptus-Bäume angepflanzt. Dieser aus Australien stammende Baum hat noch eine grosse Zukunft in Portugal, da in dem regenreichen und feuchtwarmen Klima des Westens sein Fortkommen gesichert ist; namentlich in dem Mündungsgebiet des Vouga, in der Gegend von Aveiro bis Ovar vermindert er die miasmenschwangere Luft. Der Vouga ergiesst sich nämlich, wie alle anderen portugiesischen Flüsse, nicht direct in's Meer, sondern erkämpft sich den Ausweg durch Sand und Kiesschichten. Das Ausmündungsbecken, der See von Aveiro oder Antua genannt, bewirkt je nach dem Wasserstand des Flusses und des Meeres Ueberschwemmungen dieses niedrigen Küstenstriches. Die schnelle Einsickerung des Wassers und die Ausdünstungen zur wärmeren Jahreszeit sind der Grund, dass diese Marschen (alagadiças) selbst bei den Eingeborenen typhöse Fieber erzeugen. Die Auswanderung aus dieser ehemals viel volkreicheren Gegend beträgt nach PERY pag. 92 innerhalb 4 Jahre 5930 Menschen und kommt direkt nach der Auswanderungsziffer von Oporto (Porto: 14036.)

Aveiro soll 6852 Einwohner haben, während das nördlich gelegene Ovar, das auch ungesund ist, heute im Wachsen begriffen ist und ca. 10000 Einwohner zählt. Von der Eisenbahn aus hat man eine schöne Aussicht auf Aveiro, das in der Nähe besehen, schmutzig und düster sein soll mit stinkenden Canälen. Im 15. und Anfang des 16. Jahrhunderts war Aveiro eine bedeutende und wichtige Stadt in Folge der Stockfischniederlagen, welche portugiesische Fischer nach der Entdeckung von New-Foundland anlegten, die auch einen grossen Handel mit der Levante betrieben. Heute bezieht Portugal den Stockfisch vom Auslande. Der Fischhandel ist immerhin noch bedeutend genug, und die Fischer dieser Gegend gelten als die besten des Landes, ihre Mädchen und Frauen gehen weit in's Innere, und kommen sogar, wie wir sahen, nach Lissabon. Sardinen, Rothaugen, Knurrhahn tragen sie in ihren Körben auf dem Kopfe. Ueber dies merkwürdige Völkchen habe ich schon an anderer Stelle, (pag. 18) berichtet. Ich will nur hinzufügen, dass auch ihre Fischerboote sich von denen der anderen Häfen durch lange Canoes mit hohem Vordertheil unterscheiden. Diese Fischer bilden eine ganz geschlossene Gilde und ein Studium ihrer Sitten und Gebräuche würde von grossem Interesse sein.

Schon in Passageiros an der Vouga sieht man diesen Typus der Aveiro-Bevölkerung. Es war uns interessant, in Portugal zu beobachten, wie scharf sich der Typus der Bevölkerung abgrenzte. Sowie man nämlich in Pombal ist, findet man die Bevölkerung hässlich, und gewöhnliche Bauerngesichter sind im Estrella-Gebirge, in der Umgegend von Vizeu bis Passageiros im Vougathal vorherrschend. Einen sogen. Negertypus haben wir nur in Oporto und Lissabon bemerken können. Um 7 Uhr fuhren wir mit der Eisenbahn durch die sandige unfruchtbare Ebene die 45 *km* Strecke nach Villa Nova de Gaia und erreichten in Oporto im Hôtel Louvre ein seit Monaten entbehrtes reinliches Quartier!

Sowie man wieder an der grossen Landstrasse, in wohlbekannten Städten und Ortschaften ist, treffen den Reisenden so viele Verpflichtungen, »to do the sights«, d. h. die x y z Sehenswürdigkeiten abzumachen, dass ich hier nicht meinem Tagebuche folge, sondern ähnlich wie bei Lissabon die geographische Bedeutung Oporto's in den Vordergrund treten lassen will.

Da der Douro sich zwischen hohen Granitufern bei Oporto hindurchwindet, hat man, bei der Vorstadt Villa Nova de Gaia angekommen, eine herrliche Aussicht auf die Hauptstadt der fruchtbarsten und schönsten Provinz des portugiesischen Reiches: Entre Minho und Douro oder Minho genannt. Als wir am 22. Mai über die grossartige Eisenbrücke[1]) fuhren, welche in einem einzigen Bogen von 160 *m* Spannung und in einer Höhe von 65 *m* den Fluss überbrückt, hatten wir den Beweis, wieder an der grossen

---

1) Die Brücke wurde von den Pariser Ingenieuren EIFFEL & Co. in Paris gebaut und ist im October 1877 dem Verkehr übergeben worden. —

Heerstrasse des Völkerverkehrs zu sein. Unvergesslich blieb uns der Anblick auf das Lampenmeer am rechten Ufer, das von den Wassern des Douro bis zu den hochgelegenen Stadttheilen die Strassen und Häuser, sowie die Hafengegend magisch beleuchtete. Diese Vorstadt Gaia mit 8700 Einwohnern, in der heute die Weinlager der namhaftesten Weinhändler Portugals liegen, bietet, abgesehen von einigen Klöstern und Befestigungsbauten, wenig Interesse. Ich nenne sie aber hier zuerst, weil es wahrscheinlich ist, dass das alte Cale oder Portus Gallorum, wie es später hiess, hier lag und das ganze Land, wie die zweite Hauptstadt O-porto, den Namen von dieser alten Siedelung der Völkerstämme angenommen hat Bei dem Wachsen der Stadt musste sich die Hauptmasse der Bevölkerung am rechten Ufer anbauen, wo die Ufer weniger steil waren, und man sich leichter an den Felsen hinaufbauen konnte. Das linke Ufer bei Gaia fällt ganz schroff zum Douro ab, und man muss einen steilen Pfad verfolgen, um an den Fluss zu kommen.

In der Leal e invicta cidade, in der treuen und unbesiegten Stadt, wie der officielle Titel Oporto's lautet, gönnten wir uns mehrere Tage ein ordentliches Quartier und freuten uns, endlich im langersehnten Weinland zu sein. Oporto ist eine ganz moderne Stadt und derartig von englischen Sitten beeinflusst, dass man wieder zum schmutzigen Stadttheil des Flussufers zurückkommen muss, um an der Bauart der ärmeren Häuser, an dem Getreibe der Fischer, Schiffer, Handwerker und Bauern portugiesisches Leben zu schauen und zu studiren, und auch da überwiegt der fremde Einfluss. Während man nach Norden und Westen weit und geräumig gebaute Stadttheile durchwandern kann, muss man in der Nähe des Douro's von hohen Häusern eingeengte, düstere und schmutzige Stadttheile durchschreiten.

Porto ist nach Lissabon die wichtigste Industriestadt, der Haupthandelsartikel bleibt aber doch nach wie vor der Wein, und neben der Baumwollen- und Wollspinnerei und Hutfabrikation kommen die Gerbereien, Lederfabrikationen, Metallgiessereien erst in zweiter Linie. Die namhaftesten Ausfuhrartikel sind Orangen, Mandeln, Zwiebeln, Kork, Hornvieh, letzteres nach England. Die Einfuhrartikel dagegen sind: Mais, Weizen, Zucker, Sprit, Tabak, Mehl, Baumwoll-, Woll- und Seidenwaaren, Häute, Leder, Flachs, Rohzucker, Reis, Stockfisch, Fassdauben. Neben der englischen Schiffahrt ist die deutsche zu nennen.

Von den monumentalen Bauten darf der torre dos clerigos nicht unerwähnt bleiben, der nach MAFRA das höchste Bauwerk in Portugal ist und 1779 von der Geistlichkeit erbaut wurde; man hat von der Spitze des Thurmes eine weite Aussicht auf die Stadt, die nur übertroffen wird von derjenigen, welche man vom Eingang der Kathedrale auf Oporto hat. Letztere steht auf der Spitze eines Hügels, den früher ein befestigtes Bollwerk der Sueven einnahm. Durch architektonische Absonderlichkeiten scheinen sich alle Gebäude Portugals auszuzeichnen, ich erwähne die vorgenannten, weil der Reisende nur von diesen erhöhten Standpunkten einen Ueberblick über die Lage der Stadt gewinnt, wie auch vom Kloster bei Gaia, das auf dem Hügel im Knie des Douro aufgebaut ist. Die steilen Ufer des Flusses lassen auch den Angriff WELLINGTON'S am 12. Mai 1809 gegen die Franzosen unter SOULT, welcher Oporto inne hatte, gewagter erscheinen.

Waren uns die Trachten des Nordens schon bekannt, sowie die Filigranarbeiten der Rua de flores, seitdem wir Lissabon besuchten nichts Neues, so suchten wir dennoch am anderen Morgen die Märkte auf, um nicht nur die alltäglichen Bedürfnisse des Volkes kennen zu lernen, sondern auch die Bevölkerung der Umgegend zu sehen. In der Nähe einer grossen Stadt bewahren die Fischer und Bauern stets ihre Sitten und Gebräuche, insofern sie nach aussen wirken und dazu angethan sind, Reclame für das Geschäft zu machen! Während der Fischmarkt leider wenig Interessantes bot, herrschte um 7 Uhr auf dem Gemüse- und Fruchtmarkt noch ein reges interessantes Treiben.

Hier kaufte ein betresster Diener aus einem vornehmen Hause der rua nova de Inglezes einige leicht zu transportirende Hausstandsgegenstände mit der wichtigen Miene eines Haushofmeisters ein, dort schäkerte ein hübsches Bauernmädchen mit einem jungen Concurrenten und liess ihre schweren Goldohrringe bei jedem Lachen klingend ertönen. Hier wieder krächzten Hühner und Enten und ruhig wie eine Statue sass unter dem geflickten Riesenschirm eine alte hässliche Matrone, die vor sich Bohnen, Rüben, Kohl, Kartoffeln, Alles aber von vorzüglicher Güte, vor sich ausgebreitet hatte. Von den Früchten waren es meistens Orangen, Erdbeeren und Kirschen, und von den Gemüsen Kartoffeln und Zwiebeln, welche als Specialitäten des Marktes galten. Die Männertracht zeigte keine Verschiedenheit und auch die Frauenkleidung differirte nur bei den Wohlhabenden. Der kleine runde Hut ist mit schwarzen, meistens sehr alten und schlechten Federn eingefasst. Die Frauen schürzen sich mit bunten Tüchern, was oft entsetzlich hässlich aussieht, weil das bunte Tuch mit dem meistens dunkeln Anzug contrastirt. Bei wohlhabenden Bäuerinnen sind das reich verzierte Mieder und die schweren grossen Ohrgehänge und Halsketten auffallend, die den Mädchen und Frauen trotz der Ueberladenheit nicht schlecht stehen, weil das Kopftuch, das unter dem Hut getragen, lang auf die Schulter herabhängt, der ganzen Büste etwas Eigenartiges und Originelles gibt. —

Ich erwähne gleich hier, dass wir solche vollständige Trachten nur in Oporto gesehen haben.

Am folgenden Tage besuchten wir die Douromündung und erfreuten uns der schönen Aussicht auf's Meer, obgleich man sich des Gedankens nicht erwehren kann, wie wenig für die Einfahrt zu der zweiten Handelsstadt des Reiches geschehen ist. Der kleine Badeort São João da Foz mag zur Badesaison ein belebter und interessanter Platz sein; als wir ihn im Mai besuchten und weiter hinauf nach Mattozinhos gingen, das man auch mit der Pferdebahn erreichen kann, fielen uns die kleinen Sommerwohnungen weniger auf, als die versandete und für die Schiffahrt sehr gefährliche Mündung des Douro bei da Foz. Wer bei Sturm hier an der berüchtigten Brücke von Cantareira gelandet ist, der muss klarer, als es uns geworden, die gänzliche Nutzlosigkeit des Stromes für einen grossen Schiffsverkehr erkannt haben. Die gefährliche Barre ermöglicht für Schiffe mit grösserem Tonnengehalt nur eine ganz enge Einfahrt. — Der Human Society of Foz gehören in Folge der verschiedenen, fast alljährlich sich wiederholenden Unglücksfälle, Rettungsboote der originellsten Construction, und eine Landung der verstört dreinschauenden Passagiere an dieser Stelle bietet einen ebenso possenartigen Anblick dar, als an der Küste von Marocco, wo man auf den zerbrechlichen, hochbepackten Canoes festgeklammert sich dem felsigen Ufer unter Schreien und Fluchen der Bootsleute und der am Strande Faullenzenden nähert.

Das schöne Sommerwetter trieb uns wieder hinaus und fort von den Fleischtöpfen des Louvre-Hotels. Wir verschmähten leichtsinniger Weise den Besuch der Silberminen von Vallongo, die im NO. von Oporto nach den gleichnamigen Hügeln so benannt wurden, und fuhren mit der Eisenbahn über Villa nova und Nine, wo die Zweigbahn nach Braga abgeht, nach Barcellos am rechten Ufer des vom Gerez-Gebirge herabfliessenden Cávado. Die Fahrt ist nicht so langweilig und unschön, wie wir sie uns vorgestellt hatten; überall sieht man reich angebautes Land. Heute kann man über den Lima-Fluss nach Vianna fahren; zu unserer Zeit musste man in Darque aussteigen und die 20 Minuten lange Holzbrücke überschreiten. Auch der Lima hat eine Barre vor der Mündung und ist kaum für die Strecke von 37 *km* mit kleinen Fischerkähnen schiffbar. Das rechte Ufer begleiten die Ausläufer der Gerez-Ketten, welche zwischen den Flüssen Minho, dem portugiesischen Grenzfluss, und der Lima sich bis an die Küste hinziehen und bei Vianna im circa 500 Fuss hohen Santa Luzia-Hügel enden. Die auf den Karten angegebenen Höhenzahlen können unmöglich richtig sein, die Hügel sind mit Waldungen bedeckt und sicher nicht höher als 500—600 Fuss. Das linke Ufer der Lima ist ein sandiger, unfruchtbarer Strand, der immer grössere Dimensionen annimmt, und die naheliegenden Kieferstände ganz dem Versanden und Untergang weiht. An dem Hügel von Santa Luzia kann man die Störungen, welche die Sandwinde anstellen, deutlich erkennen. Nur der südliche Abhang trägt Nadelholz, sonst ist der Granitfelsen stark verwittert und kahl. Den Hügel krönt eine Kapelle; man sieht nach Westen weit auf's Meer. Zu Füssen liegen das Städtchen Vianna und die Ufer der Lima. Die versandete Mündung und die zur Zeit der Ebbe blosgelegten Sandbänke erhöhen den traurigen Anblick, weiter landeinwärts aber erfreut das Auge saftiges Grün der Wiesen. Fern im Osten, uns wie ein Räthsel noch bevorstehend, lag das zerklüftete Gebirge do Gerez.

Die Bevölkerung erschien uns hier an der Küste wieder hässlicher, aber die Gestalten kräftiger und grösser als im Innern. Die Tracht ähnelt mehr der spanischen, da bunte Kleider und Tücher und reiche Goldgehänge: Ohrringe und Goldketten mit grossem Medaillon getragen werden. Häufige Ueberschwemmungen und Versandungen, namentlich des Gebietes südlich von Darque, treiben den Ackerbauer immer mehr landeinwärts und zwingen die Fischer und Schiffer, den Fischfang mehr und mehr zu vernachlässigen, obgleich derselbe hier reichlich ist, wenn er sich auch nur auf einzelne Arten, wie Zungen, Lampreten, (portug. Moreia), Seeaale bezieht. Weiter stromaufwärts sollen Lachse, Forellen und Barben vorkommen.

Am folgenden Tage fuhren wir mit der Postkutsche nach Ponte do Lima, 20 *km* am rechten Ufer des Flusses entlang. Hier ist die Weinkultur vorherrschend. Der Wein wird sowohl auf Bäumen, wie an Geländen gezogen. Viele grosse Grundbesitzer verwalten in der Gegend ihre Güter selbst. Sie sind beliebt, weil sie sich populär zu machen wissen, indem sie ihren Untergebenen Land zur Selbstbewirthschaftung geben, ohne dafür grosse Vergütung zu verlangen.

Ueber sanfte Erhebungen fährt man im Lima-Thal in der Nähe des Flusses und an den Abhängen entlang; die am Ufer hinziehenden Granit-Hügel sind mit Nadelholz bedeckt, einzelne ihnen vorgelagerte Berge, wie z. B. die zwischen Vianna und Ponte do Lima, tragen schöne Eichenwaldung. Fruchtbäume sieht man in grosser Anzahl, auch pflanzt man hier fast überall Mais. In meinem Tagebuche notirte ich am 27. Mai:

> »einzelne Felder werden schon für den Mais ge-
> »eggt, auf vielen aber steht der junge Mais schon
> »über $\frac{1}{2}$ Fuss hoch. Gerste und Roggen reifen;
> »erstere wird bei Ponte do Lima schon gemäht.«

Der Leser verzeihe mir eine so genaue Beschreibung, ich halte aber die englischen und portugiesischen Lobeserhebungen über die Schönheiten dieser Strecke für überschwänglich. Weil hier im Alterthum Ackerbau treibende Stämme angesiedelt waren, im mittleren und südlichen Portugal aber Nomadenhorden ihr Wesen trieben, so hat sich bis in die Römerzeit der Ruf von der grossen Fruchtbarkeit und dem Reichthum dieser Gegend erhalten, dessen Nordgrenze eben die Lima war, der Oblivion des Livius, Plutarch und Appian! Die portugiesischen Poeten haben sofort diese schöne Gegend zu einem Paradies auf Erden gemacht und besingen den Fluss.

Bei Ponte do Lima führt eine steinerne Brücke mit 24 kleinen Bögen über den Fluss. Dieses Bauwerk stammt noch von den Römern. Der Lima ist hier sehr breit, da er aber an den verschiedensten Stellen versandet ist, so ist er für eine Flussschiffahrt unbrauchbar. In der Stadt findet man noch verschiedene ältere Bauten, Thürme und Mauerreste aus römischer Zeit, doch sind dieselben derartig in den Neubau eingemauert, dass man schwer ermitteln kann, was römisch ist, was nicht. Ebenso verwirrt an den Gebäuden das Wappen der Templer, welches man an den verschiedenartigsten Bauten findet. Uns erzählte man, dass jeder Bürger das Recht gehabt habe, das Templerwappen anzumauern, wenn er den Grossmeister des Ordens beherbergt hatte; daher könne man bei städtischen Gebäuden, wenn die Urkunden fehlen, schwer unterscheiden, ob dieselben früher dem Orden gehörten oder nicht.

Nachdem wir in einem guten estalagem einen Imbiss eingenommen, fuhren wir die Hügel hinan durch eine sehr volkreiche Gegend. Auch auf der Landstrasse herrschte ein reger Verkehr. Die Waaren wurden aber auch hier auf den Rücken der Pferde und Maulthiere transportirt.

Bei Brado passirten wir auf langer und schlechter Brücke den hier sehr breiten Cavado-Fluss; wir fuhren Nachmittags 5½ Uhr in die geräumige hochgelegene (208 *m*) Stadt

Braga ein und wanderten von der Poststation nach vergeblichen Versuchen, ein reinliches Logis zu erlangen, eine Stunde östlich nach dem grossartigen Pilgerhügel: Bom Jesus, einem der merkwürdigsten und berühmtesten Wallfahrtsorte des nördlichen Portugal's. In dem hochgelegenen Wirthshaus, Boa Vista, fanden wir eine für portugiesische Verhältnisse äusserst reinliche Aufnahme. Von den freien Aussichtspunkten schaut man das Meer und nach NNW. die Zacken des Gerez-Gebirges.

Ungefähr 1000 Stufen, an vielen kleinen Betkapellen und heiligen Brunnen vorbei, führen den frommen Wanderer bergan zu der grossen schmucklosen Kirche, in der das Christusbild aus Ebenholz geschnitzt für die Pilgernden besonderer Verehrung werth sein soll [1]). Den ganzen Granithügel bedeckt ein schöner Eichenwald, in dem Anlagen und neue Anpflanzungen gemacht wurden, so dass diese Station dem fremden Reisenden in Portugal ein wahrer Erholungsort ist. Im Osten des Hügels fielen uns sedimentäre Schichten auf.

Vom Bom Jesus aus besuchten wir das Bracara Augusta der Römer, die alte Hauptstadt der Sueven, das heutige Braga. Braga war vor den Entdeckungen der Portugiesen eine der bedeutendsten Städte in Portugal, hat dann aber sehr schnell seine Grösse eingebüsst. Heute zählt es 19 754 Einwohner, ist aber wegen der weitläufigen Anlage dem Anscheine nach eine weit grössere Stadt. Nur beim Durchwandern derselben merkt man die traurige Stille der wie ausgestorben daliegenden Stadttheile. Sehenswerth ist die Kathedrale und besonders die praza dos carvalheiros, da auf der letzteren die im Gerezgebirge und in der Umgegend von Braga gefundenen Meilensteine

---

1) Der Wallfahrtsort kann nicht alt sein, da ich keine älteren Jahre als 1711, 1747, habe entdecken können. Die Kirche soll am Ende des 18. Jahrhunderts gestiftet worden sein. Man sieht aber überall die Weltkugel und das Kreuz der Templer.

der Römer aufgestellt sind, von denen einzelne noch deutlich die Inschriften zeigen. Es sind mannshohe Granitsäulen mit einem Piedestal, welche den Weg von Braga nach Spanien hinein durch das Gerezgebirge angaben, wo entschieden noch viele miliaria[1]) anzutreffen sind.

Am 30. Mai verproviantirten wir uns für 3 Tage, um einen Einblick in das Gerezgebirge zu thun. Die Karten und Reisehandbücher lassen den Reisenden hier ganz im Stich. Ich halte es daher für meine Pflicht, das Wenige, was ich vom Gerezgebirge gesehen habe, nach meinem Tagebuche anzuführen.

30. Mai 1878. Morgens 5 Uhr mit kleinem Handgepäck an die Hauptstrasse gegangen, wo wir um 6 Uhr die Postkutsche erwarteten, welche bis nach Salamonde, am oberen Cavado, fährt. Das Wetter war sehr veränderlich und für eine Gebirgsreise ganz ungeeignet. Die Strasse führt nach NO. hoch hinauf, so dass man rechts und links in reiche liebliche Thäler hinuntersieht. Bis Penedo waren wir 34 *km* gefahren. Das weite geräumige Thal des Cavado kann man bis in die Gegend von Braga verfolgen. Viele Weingärten treten hervor, überall zieht man hier den Wein auf Bäumen. Gerste und Weizen reifen. Sehr viele Eichen und Kastanien machen den Hauptbestand der kleineren Waldstände in den Schluchten und Thälern aus. An der Landstrasse nach Pinheiro kauften wir in einer venda ganz vorzüglichen Wein und Brod. Dieses Dörfchen liegt sehr hübsch, in seiner Nähe steht eine Kapelle und eine Schlossruine aus der Zeit Don Affonso's (1130). Dann erreicht man den Kreuzungspunkt der Landstrasse, das Dorf Vieira.

Um 11 Uhr kamen wir in Penedo an, das über den Cavado am Abhang, dem eigentlichen Gerez gegen-

1) Ein römischer Meilenstein stand am Ende jeder römischen Meile ($1\frac{1}{2}$ *km.*).

über, an der Landstrasse nach Salamonde liegt, welche weiter bis Chaves gebaut werden soll. Penedo liegt sehr malerisch. Man hat einen weiten Blick auf das Cavadothal, dem 2 Nebenflüsse, der Caldas und der Rio d'Homen zufliessen.

Die felsigen, nur mit Matten und niedrigem Ginster und Farren bedeckten Berge mit ihren Granitblöcken von auffallender Grösse, das fruchtbare, theils waldige, theils angebaute Thal, dazwischen die zerstreut liegenden kleinen Ortschaften und Kapellen gewähren einen freundlichen Anblick, der mit den wild zerklüfteten Bergen im Rücken kontrastirt. Das Gebirge, aus Granit bestehend, streicht in der Richtung von Osten nach Westen. Das Charakteristische ist, dass man bei Penedo, das circa 3000 Fuss hoch liegt, ein rundes Thal vor sich hat, welches durch das Zusammentreffen von Flüssen und Thälern gebildet wird: der Cavado bei Montalegre aus dem Gerez und zwar aus der Serra de Larouco (nach PERY) herabfliessend, der kleine Caldas, welcher von Norden vom Gerez hier dem Cavado zuströmt und der rechte grössere Nebenfluss desselben der rio d'Homen. Diese ganz scharf ausgeprägte Vereinigung schafft eines der schönsten Panoramen von der Höhe der Landstrasse.

Von Penedo geht ein sehr schlechter felsiger Pfad zu Thal durch Kastanien- und Eichenwaldung an einer kleinen Ansiedlung vorbei, die inmitten des Waldes liegt und deren Granithäuser sich malerisch aus dem Grün abheben. Nach einer Stunde hat man den Cavado erreicht. Hier liegen einige Häuser, man baut eifrig an der Brücke, denn der Fluss ist hier ein Gebirgsstrom, breit mit Gefälle. Durch das im Eichenwald gelegene Dorf Villar de Veiga gingen wir im strömenden Regen zu dem im engen Thal gelegenen Caldas hinauf, ein elendes Dorf mit warmen Quellen, die vor 50 Jahren untersucht sind und als Gesundheitsbrunnen heilbringend sein sollen. Dort sind 11 warme Quellen von 23—27° Celsius, eine heisse und eine kochende, doch bleibt die Temperatur derselben nicht die gleiche. Das Wasser ist geschmack- und geruchlos, wirkt aber purgirend. Ein leerstehendes zerbrechliches Haus wurde uns aufgeschlossen, wo wir Quartier nahmen, da das Wetter uns zwang in diesen schmutzigen Räumen zu bleiben. Ein furchtbares Quartier, das bei Tage wie bei Nacht uns fast zur Verzweiflung brachte, da auch weder Wein noch Brod im Dorf zu kaufen war und unser Proviant leider aufgezehrt war. Bis zum Johannistage kommt weder ein Wirth, noch ein Arzt hieher. Höhnisch sahen ein Paar Kurgäste, die sich hier für einige Wochen verproviantirt hatten, um die Kur zu gebrauchen, aus den ebenso elenden Quartieren auf uns herab. Als sich aber nach und nach der Humor wieder bei uns einstellte, und wir einen heissen Grog aus dem im Dorfe erbeuteten Madrognos-Schnaps brauten, den die Bauern aus den Früchten der wilden Erdbeerbäume machen, da fand langsam eine Anknüpfung statt, welche zu dem Resultat führte, dass wir eine halbe Flasche Wein erhielten und erfuhren, wie armselig die Bauern hier lebten, wie »unendlich weit« man von Braga entfernt sei (NB. auf gutem Pferde ein Tagesritt)! Unser Abendbrod bestand nur aus Fleischextract, denn da man in Braga und in Bom Jesus von diesem berühmten Badeorte sprach, so nahmen wir nur wenig Ration mit. Das Wetter wurde am folgenden Tage noch schlechter und traurig — hungrig zogen wir wieder rückwärts, unterliessen es aber nicht, hie und da ein Thal und dessen Vegetation genauer zu untersuchen, trotzdem wir bis auf die Haut durchnässt waren. Die Flora ist nämlich in diesen Thälern vollständig subtropisch. Hohe Ericabäume und hohes Ericagestrüpp, wie ich es vom Norden Madeira's und von Tenerifa her zur Genüge kannte, Eichen, Kastanien, Feigen und wilde Oliven bei den Ansiedlungen überraschten uns auf das Höchste.

Das Gebirge ist ausserordentlich quellenreich. Bei Villar de Veiga geht der weisse Granit plötzlich in eine rothe Varietät über. In der Nähe des Dörfchen's Ponte, soll eine Goldmine angelegt, doch wieder verlassen worden sein, auch Silber und Kupfer wird hier gefunden, sowie Eisen, man konnte uns jedoch in dieser Gegend die Fundstätten nicht nennen. Auf den Höhen soll es viele Wölfe geben, ebenso wilde Ziegen und eine Art Mouflon, von dem wir in Penedo eine Exemplar sahen. Ein Jäger, den das Unwetter auch heimgetrieben, hatte dasselbe mitgebracht. In den Flüssen fiel mir eine Froschart auf, die hier nur im fliessenden Wasser vorkommt. Als wir wieder auf dem Hügel des Bom Jesus anlangten, waren wir aus der Schlechtwetterzone heraus und konnten trocknen Fusses die 1000 Stufen hinansteigen und einigen alten Pilgern helfen, die im Wahne, der Gottheit näher zu rücken, zum Bom Jesus wanderten, um am Himmelfahrtstage an der grossen Feier der Christenheit Theil zu nehmen. Am folgenden Tage lernten wir die Bedeutung des Wallfahrtsortes Bom Jesus kennen, der namentlich für die seefahrenden Portugiesen, Schiffer und Fischer von Bedeutung ist. Viele Gäste, die, früher in Brasilien und in den portugiesischen Besitzungen ansässig, nach der Heimath zurückgekehrt sind und die Gesundheit stärken wollen, begünstigen diesen friedlichen Ort. Das Ebenholzkreuz, das 1818 dem Bom Jesus dos Navegantes gestiftet wurde, übt heute noch eine grosse Anziehungskraft aus, wie wir das an den Schaaren von Pilgern sahen, welche am Morgen des Himmelfahrtstages entblössten Hauptes Gebete singend nach oben zogen, während mit ihnen, einer gierigen Sperlingsschaar vergleichbar, Frauen mit Esswaaren und Bettler aller Sorten den reichgeputzten Mädchen und Weibern nachliefen.

Am 2. Juni mussten wir um ½3 Uhr aufstehen, um unten am Hügel in den Postwagen einzusteigen, der uns auf die Poststation in Braga bringen sollte, wo wir um 4½ Uhr die Fahrt nach der alten Hauptstadt Guimaraes antraten. Ich erwähne diese Abfahrtszeiten, weil es ganz ungemein schwer ist, wenn man in diesen Provinzen reist, richtige Erkundigungen einzuziehen, und einem Reisenden schon geholfen ist, wenn er nur einige Anhaltspunkte hat, die auf Thatsachen beruhen. Die Fahrzeiten werden sich auch nur wenig verändern, bis ein geregeltes Postfuhrwesen überall eingeführt ist, das heute hier nur dem Namen nach besteht.

Braga selbst liegt auf einem Höhenrücken, was man erst erkennt, wenn man die Stadt hinter sich liegen sieht und über kahle Berge zum Seitenthal der Ave hinunterfährt, wo die Haltestation im Städchen Caldas das Taipas ist. Ein liebliches reiches Thal, in dem viel Wein und Flachs angebaut wird, die Gerste gemäht und der Dünger für die Maisfelder bereitet wurde. Die heissen Mineralquellen (32—33° Celsius) hier, waren den Römern bekannt. Eine Inschrift auf Stein: Imp. Caes. Nerv. f. Trajan, legt hiervon Zeugniss ab. Morgens um 7 Uhr kamen wir schon in Guimaraes an, der Wiege der portugiesischen Monarchie, einer grossen nicht nur hübschen, sondern auch interessanten Stadt, die 243 *m* hoch liegt. Die Sagen der Helden Egas Moniz und die Legende des Königs Wamba (672—680) erinnern an die Geschichte. Letzterer schwor, als ihm die Krone Portugals angeboten wurde, indem er dabei seinen Speer in die Erde stiess, dass, so gewiss der Stock keine Blätter tragen könne, er auch das Land nicht regieren werde. Als nun Olivenzweige aus dem Speeresschaft emporsprossten, nahm er die Herrschaft an und erbaute an der Stelle einen Palast. Heut steht das kleine Olivenbäumchen.

das als Rest eines abgestorbenen Baumes übrig geblieben ist, vor der Kathedrale.

Nachdem wir die alten Bauten in der Stadt gesehen, machten wir einen Gang ausserhalb derselben, um die Ruinen des Schlosses zu besichtigen, sowie den grossartigen Bau näher zu sehen, in dem die portugiesischen Könige gewohnt hatten. Nur die kahlen Mauern sind noch übrig, die Räume blieben unbenutzt. Auf dem Platz und zu beiden Seiten stehen Militärhäuser und Kasernen. Die Tracht der Frauen in Guimaraes ist wieder durch die langen portugiesischen Mäntel und Kopftücher auffallend. Da keine Post nach Amarante abfuhr, so nahmen wir uns einen Extrawagen für 4800 reis (20 *M*). Die Gegend ist ausserordentlich fruchtbar. Man fährt nach S. Magueride hinauf, wo auf kahlem Berge ein Wallfahrtsort liegt. Das Dorf besteht nur aus wenigen Häusern, Wein ist in dieser Gegend überall angepflanzt, in den Dörfern ist der vinho maduro gut, aber überall theuer, der vinho verde aber kaum trinkbar. Auf der Fahrt von hier nach Lixa passirt man kleine Waldstände und überall reiche Culturen. In Lixa wurden wir durch eine grosse Prozession aufgehalten und mussten uns wegen der fanatischen Menge sehr zurückziehen, weil man unseren Kutscher, der nicht niedergekniet war, auf die Erde warf und die religiöse Wuth auf uns zu übertragen anfing. Einer religiös aufgeregten Menge genügt die überall sonst wirkende Kaltblütigkeit nicht. Wer das bezweifelt, der mache einmal die nächtlichen Prozessionen zur Osterfeier in Sevilla mit! Deutsche und italienische Bigotterie ist gegen spanische und portugiesische verschieden wie ein Derwischtanz von dem Tanz der marokkanischen Aesaonas, der durch belgische und amerikanische Maler, als Volksscenen von Mekinez, dem grossen Publikum ja bekannt geworden ist.

Ueber einen kahlen Höhenrücken führt der Weg dann

zum Tamega hinunter nach Amarante, das rings von Bergen eingeschlossen ist. Der Fluss theilt die Stadt in zwei Hälften. Amarante hat ungefähr 2000 Einwohner und ist viel bedeutender als Guimaraes, weil die Strasse von Villa real, also aus dem Herzen des Weinlandes, sowie von Regoa am Douro über Amarante und Lixa direct nach Porto führt. Heute, wo die Eisenbahn von Penafiel den Douro entlang bis Mamede fertig gestellt, ist der Weg über den hohen Pass der Serra Marão nicht mehr nöthig.

Die Bauten in Amarante tragen noch Spuren französischer Barbarei aus den Kämpfen von 1809. Den Tamega oder die Serra Marão möchte ich nicht nur als politische Grenze der Provinzen Minho im Westen und Traz oz Montes im Osten des Flusses betrachten, sondern auch als Culturgrenze, denn östlich des Tamega ändert sich die Art der Weincultur, da hier wie bei uns am Rhein und Süddeutschland und in Frankreich der Wein auf Aeckern an Stöcken und an Geländen gezogen wird. Eine viel üppigere Vegetation kennzeichnet auch das paiz do vinho, westlich von dem Tamega.

Die Stadt Amarante, welche bei den Römern Ante Moranam hiess, blieb bis 1250 ein Ruinenhaufen, seitdem sie von Gothen oder Mauren zerstört worden war. Der Dominikanermönch Gonçalo siedelte sich hier mit einigen Getreuen an, welche die Brücke über den Fluss bauten. Amarante, sowie Guimaraes sind die namhaften Städte der Leinen- und Eisenwaaren-Industrie dieser Gegend. Zur Mitternachtsstunde fuhren wir von Amarante fort, nachdem zwei tüchtige Ochsenpaare vorgespannt waren, die die Postkutsche den steilen Berg hinanzuziehen hatten. Bei der hellen und warmen Nacht bekamen wir einen Begriff von diesen schönsten Waldungen Portugal's. Die im

NO. des Passes gelegene höchste Erhebung dieses Gebirges ist 1422 *m* hoch.

Bis 6 Uhr Morgens geht die Reise steil bergan. Die prachtvollsten Kastanienwaldungen, deren Bäume an den Abhängen dicht gedrängt stehen, wechseln mit Eichenständen ab, bis man ca. 3000′ hoch ist. Dann geht der Wald in einen Kiefernwald über, bis zuletzt nur kahle Granitfelsen die Nähe der Passhöhe ankündigen, die 4000′ hoch zu liegen scheint. Bei dem kleinen, eben unterhalb des Passes liegenden Dörfchen Quintella spannte man die Pferde wieder vor und im raschen Trabe ging es über Mezão frio zum Douro hinunter. Mezão frio liegt von hohen Bergen der Marão-Kette eingeschlossen auf einem Bergrücken und ist ein sich lang hinziehendes Städtchen mit Kapellen und Kirchen. Ehe man in die Stadt kommt, hört die Haideregion, welche diese kältere SO.-Seite des Marão-Gebirges kennzeichnet auf und Kastanienwaldungen wechseln wieder mit Weingärten ab. Die Landstrasse biegt dann scharf nach Osten um und in vielfachen Windungen führt dieselbe bis an den Douro, dessen hohe Ufer mit Weingärten an die Rheingegend erinnern; dieselben reichen auch hier terrassenförmig bis zum Fluss hinab. Bei Regoa führt eine Brücke nach Lamego hinüber in die Provinz Beira. Das eigentliche Weinland beginnt nun bei Mezão frio und erstreckt sich an den Ufern des Corgo hinauf und östlich bis zur Tua, dem zweiten rechten grösseren Nebenfluss des Douro. Die Nordgrenze des Weinlandes überschreitet aber nicht die Gegend von Villa Real. In diesem beschriebenen District, dem paiz do vinho, sieht man ausschliesslich Weingärten. Die originellen Douroboote schaffen den Wein stromabwärts nach Oporto und bringen dafür allerlei Waaren zurück. Die oben bei Lissabon beschriebenen Karren vermitteln den Waarentransport mit dem Inlande, namentlich von Regoa nach Villa real.

Wie ich schon vorher bemerkte, wird der Wein im W. des Tamega, also bei Amarante, nach altem römischen Gebrauch auf Bäumen gezogen. Jeder Hektar enthält im Mittel 250—300 Bäume, die gewöhnlich an den Grenzen der Besitzungen gepflanzt sind und circa 4—5 Weinpipen produciren. (s. Anh. p. 82.)

In der Gegend des Douro wird der vinho maduro geringerer Qualität und in den Hauptweindistricten von Basto, Amarante, Arcos de Valle, Vez, Moncão der beste Wein producirt.

Der östliche Theil der Provinz Traz os montes jenseits der Tua ist nicht so fruchtbar, doch soll die Seidenzucht, von der wir übrigens bis Chaves nichts gesehen haben, zugenommen haben, wie auch grosse Quantitäten Mandeln von hier nach Oporto verschickt werden.

Durch Erbauung neuer Landwege hat der Oelhandel und der Wollhandel zugenommen. Mandeln, Honig und Kartoffeln, Korn und Mais sind ebenfalls Exportartikel dieser reichen Provinz. Ueber den Weinhandel siehe meine Tabellen im Anhang.

An den weissen Wein von Bragança, Moncorvo muss man sich gewöhnen, besser schmeckte uns der rothe Cornifesto, doch sind alle diese Weine Landweine und wenn man die Unordnung in den Weingärten wahrnimmt und bemerkt, wie die Phylloxera auch in Portugal um sich greift und ganze Strecken zu zerstören droht, wenn man sieht, mit welcher Nachlässigkeit gesunde und kranke Stöcke ruhig neben einander stehen, so hat man eine Erklärung dafür, dass der Weinhandel nicht in gleichem Masse, wie der übrige Productenhandel fortschreitet. Zumal hier, begünstigen ein gemässigtes Klima und ein vorzüglicher Boden, die Cultur des Weines, denn auf diesen cambrischen Schichten wächst, wo er ordentlich gepflegt, ein ganz vorzüglicher Wein.

Die Strasse von Regoa nach Villa Real, das 26 *km* nördlich vom Douro liegt, ist wohl die am meisten benutzte und die älteste, obgleich einzelne Bäume die Jahreszahl 1864 tragen. Je höher man an den Abhängen, welche den Corgo begleiten, kommt, desto schöner werden die Rückblicke auf das tiefer liegende Weinland und auf die Gegend von Lamego, namentlich bei Comiura ist dies der Fall. Früher haben hier überall Kiefern gestanden. Bei dem genannten Dorfe verändert sich die Scenerie, da man nahe an das Flussbett des Corgo kommt und an den östlichen Abhängen der Sierra Marão wieder in die floristisch reiche Granitregion eintritt. Für Culturen unfruchtbar und unempfänglich ist die Schieferregion des Weinlandes, die den Bauer auf den Weinbau allein hinweist.

Villa Real mit 5296 Einwohnern hat grosse schöne Gebäude und ist eine Hauptpoststation. Wie erstaunten wir, als wir hier ein geregeltes Postwesen, Bureaux, Angestellte u. s. w. antrafen! Auf der Station notirte ich von der officiellen Liste die Entfernungen der von uns zurückgelegten Strecke[1]).

Die Stadt bietet sonst wenig Bemerkenswerthes, sie liegt auf den Hügeln zwischen den Thälern des Rio Corgo und dem Rio Prada, der ein linker Nebenfluss des Tamega ist. Am folgenden Tage setzten wir unsere Reise nördlich nach Chaves zu fort. Von Villa Real führt die Strasse 18 *km* bergan über kahle, jeglicher Vegetation entbehrende Granithügel, in den Seitenthälern dagegen stehen Kastanienbäume. Das Weinland hat man nun ganz verlassen. Die nordöstlichen Ausläufer der Serra Marão ziehen sich

1) Villa Real nach Regoa am Douro 26 *km*.
„ Pouca d'Aguiar . 27½ „
„ Vidago . . . . 21 „
„ Chaves . . . . 15½ „
„ Verin . . . . . 25 „ siehe p. 77.

gegen das Flussthal des Corgo hin, hier überschreitet man eine kleine Passhöhe und hat vor sich ein muldenförmiges Thal, das von Bergen umgeben, den Gedanken an eine ehemalige Seenbildung wachruft. Keine der Karten gibt hiervon auch nur eine annähernd richtige Vorstellung.

Im Osten streicht von S. nach NW. die Serra Villarelho aus kahlen Granitfelsen bestehend und mit unfruchtbaren Abhängen, im Westen liegen die letzten Ausläufer der Serra do Marão. Auf dem Bergrücken, welcher die Mulde schliesst, hat man die Stadt Pouca d'Aguiar, ein kleines Landstädtchen vor sich liegen. Fruchtbare Aecker, auf denen Gerste und Roggen wuchsen, sowie fette Wiesen geben den Beweis des guten Bodens. Von dieser Höhe fährt man dann zum kleinen Flussthal des Oura hinunter, um bei dem neuangelegten Badeort Vidago Halt zu machen, dessen Quellen sich einen Namen gemacht haben, weil der König hier zuweilen die Bäder besuchen soll. Die alkalihaltigen Wasser, die hier — tropfenweis — zu Tage kommen, wenigstens an den Quellen, die für das Trinkwasser benutzt werden, sind auf der Wiener Ausstellung prämirt, doch waren wir überzeugt, dass diese »berühmten« Quellen mit den Wassern von Las Caldas auf gleiche Stufe zu stellen sind.

Eine fast tropische Hitze in dem auf sonnigem Platze grossartig angelegten Hotel herrschte hier. Die uns in Portugal bisher unbekannten hohen Preise trieben uns schnell nordwärts nach Chaves. Das Thermometer zeigte hier Mittags 28,5° CELSIUS im Schatten.

Bei Chaves erreichten wir die ungesunde Ebene des Tamega. Zu beiden Seiten des weiten Thales ziehen die aus ältesten Sedimentärablagerungen bestehenden Höhen in der Richtung von N. nach SW. hin. Im N. liegen die östlichen Ausläufer des Gerezgebirges. Trotz der sorgfältigsten Erkundigungen liess man uns in Zweifel betreffs der Postfahrten von Verin nach Zamora.

Chaves ist eine schmutzige, aber interessante Stadt mit 5539 Einwohnern und die alte Grenzstadt der Römer, Aquae Flaviae, gewesen. Nach MURRAY'S Ansicht ist das römische Fl in das portugiesische Ch übergegangen und so der Name Chaves entstanden, dies scheint mir sehr gesucht, dagegen Chaves, aus clavis, »der Schlüssel«, naheliegender.

Die ziemlich ausgedehnte Hochebene ist besonders bemerkenswerth, auf ihr stehen noch viele Kastanienwaldungen. Im Tamegathal ist wieder Wein angebaut. Das Land muss trotz der Feuchtigkeit, welche der Boden ausdünstet, und der fieberschwangeren Luft der Gegend, ganz ausnehmend fruchtbar sein, denn Gemüse und Früchte und Kornfelder standen in üppigster Pracht, auch versicherten uns die Bauern, dass es fast jedes Jahr reiche Ernten gäbe, die Ungesundheit aber von Jahr zu Jahr zunähme. Auch hier sind warme und heisse Mineralquellen von ca. 32° Réaumur. Frauen und Mädchen kommen mit ihrem Geschirr aus der Stadt, um aus diesen seitwärts eines kleinen Baches aus der Erde hervorsprudelnden Quellen ihr Waschwasser zu holen, ein ganz origineller Anblick.

Von Chaves führt eine gute Strasse über die spanische Grenze nach Verin, um den Reisenden hier an die Landstrasse zu führen, auf welcher die Schnellpost von dem Küstenort Vigo via Orense, Verin nach Zamora fährt, in die wir am Nachmittag von Verin aus einstiegen und das echt spanische Fuhrwerk sich mit sechs frischen Maulthieren in Bewegung setzte, um uns nach 23stündigem Schütteln ohne Abenteuer in Zamora abzusetzen, wo wir am 8. Juni mit dem Ausruf: »Niemals rückwärts Don Rodrigo« anlangten.

Wenn ich nun die Eindrücke zusammenfasse, welche ich auf der Reise durch Portugal gewonnen habe, so ergiebt sich folgendes:

In Portugal ist bereits ein bedeutender Aufschwung bemerkbar, auch beginnt das Ländchen sich von dem vorwiegenden Einflusse Englands zu emancipiren. Durch die Vermehrung des Strassenbaues und Eisenbahnnetzes wird der Produktenhandel ganz besonders gehoben werden, so haben, der Oelhandel und die Woll-Industrie schon zugenommen. Die seit einem Jahre fertig gestellte directe Bahn nach Spanien und die Eisenbahnbauten am Douro ermöglichen bald einen doppelten Anschluss an die Hauptlinie in Spanien und damit an das europäische Eisenbahnnetz. Die grossen Grundbesitzer im Norden haben, wie ich dies in der Provinz Minho gesehen habe, sich die Vortheile der neueren Landwirthschaft angeeignet.

Wenn man dem Weinbau und dem Olivenhandel mehr Sorgfalt schenken würde, so könnte sich der Export nicht unerheblich vermehren, wie denn auch der lukrative Betrieb der Minen noch einer grossen Zukunft entgegengeht.

Da nun neben England zunächst Deutschland an dem Handel mit Portugal betheiligt ist, so sollten deutsche Kaufleute diesem Lande mehr Aufmerksamkeit schenken, denn eine rationellere Ausbeutung der Minen und Kohlenstätten, bessere Bewirthschaftung und Ausdehnung der Culturen bedürfen nur geringer Anregung von aussen, um dem Handel mit Portugal einen bedeutenden Aufschwung zu geben und den Interessenten gewinnbringende Geschäfte zu sichern.

Anmerkung.

1 portug. legoa = 5562 *m.*

4800 Reis	=	20,40 *M*	=	1 £sterling.		
500 „ (Tostoes)	=	2,13 »	=	2 sh.	1 d.	
200 Reis	=	0,85 »	=	0 sh.	10 d.	
20 „ (Vintem)	=	0,085 »	=	0 sh.	1 d.	

Goldmünzen sehr selten, £sterling gilt überall im Lande.

Anhang.

Pery's Tabelle

copirt a. s.

Geographia e Estatistica Geral de Portugal e Colonias

Länge des de observatorio de castello de Lisboa { v. Greenwich 9° 5' 7 W. | v. Paris 11° 25' 9 W. | v. S. Fernando (Cadix) 2° 53' 4 W.

Namen der Städte und Haupt-Ortschaften		Breite ° '	Länge ° '	Höhen in Meter
Abrantes (V.)	Castello	39 27,7	0 56,3 E	213
Agueda (V.)	Torre da igreja	40 34,3	0 41,2 E	31
Alandroal (V) △. . . .	Castello	38 42,0	1 43,7 E	343
Albergaria Velha (V) . .	Torre da igreja	40 51,5	0 39,2 E	126
Alcacer do Sal (V) . . .	»	38 22,4	0 37,2 E	58
Alcaçovas (V).	»	38 24,2	0 58,7 E	202
Alcobaça (V)	»	39 32,8	0 9,2 E	42
Alijó (V)	»	41 16,4	1 39,5 E	601
Aljustrel (V) △	Pyramide	37 53,3	0 57,9 E	247
Almodovar (V) . . .	Torre da igreja	37 31,2	1 4,3 E	310
Alter do Chao (V) . . .	»	39 11,9	1 28,5 E	286
Alter Pedroso (V) △ . .	Castello	39 11,2	1 30,6 E	410
Arcos de Valle de Vez (V).	Torre da igreja	41 50,7	0 43,0 E	—
Arouca (V)	»	40 55,6	0 53,3 E	330
Arrayollos (V) △. . . .	»	38 43,4	1 8,7 E	397
Arronches (V).	»	39 7,2	1 50,9 E	301
Aveiro (C)	Torre da cadeia	40 38,3	0 28,8 E	10
Aviz (V)	Torre da igreja	39 3,3	1 14,5 E	201
Barcellos (V)	»	41 31,8	0 30,8 E	39
Barquinha (V)	»	39 27,3	0 42,7 E	38
Beja (C) △	Torre no castello	38 1,8	1 16,1 E	282
Benavente (V).	Torre da igreja	38 58,8	0 19,4 E	18
Bom Jesus de Braga . .	»	41 33,2	0 45,4 E	—
Braga (C)	T. de S. Vicente	41 33,0	0 42,5 E	208

Namen der Städte und Haupt-Ortschaften		Breite ° ′	Länge ° ′	Höhen in Meter
Bragança (C)	T de menagem	41 48,1	2 23,2 E	684
Caminha (V)	Torre do relogio	41 52,4	0 17,7 E	11
Campo Maior (V) . . .	Torre da igreja	39 0,6	2 3,8 E	300
Cantanhede (V)	»	40 20,7	0 32,4 E	74
Carregal do Sal (V) . .	»	40 26,0	1 6,6 E	306
Cascaes (V)	Cidadel, mastro	38 41,5	0 17,1 O	20
Castello Branco (C) . .	Castello	39 49,4	1 38,2 E	472
Castro Marim (V) . . .	»	37 14,4	1 41,5 E	41
Castro Verde (V) . . .	Torre da igreja	37 42,4	1 3,0 E	235
Cezimbra (V) △. . . .	Castello	38 27,1	0 1,6 E	330
Chamusca (V)	Torre da igreja	39 21,3	0 39,2 E	35
Chaves (V).	»	41 44,2	1 39,8 E	365
Cintra (V) (Cast. da Pena).	Torre	38 47,2	0 15,4 O	529
Coimbra (C) obs. astron. △	Cupula	40 12,3	0 42,1 E	99
Coimbra (C) obs. meteor .	Torreao	40 12,4	0 42,5 E	141
Condeixa a Nova (V) . .	»	40 6,7	0 38,1 E	88
Coruche (V)	Torre da igreja	38 57,8	0 36,3 E	52
Elvas (C) , ...	Forte da Graça	38 53,6	1 58,1 E	388
Ericeira (V)	Castello	38 57,8	0 17,4 O	38
Espozende (V)	Torre da igreja	41 31,8	0 21,2 E	3
Estarreja (V)	»	40 45,6	0 34,2 E	23
Extremoz (V)	Torre do cast.	38 50,4	1 32,4 E	448
Evora C)	Torre da sé	38 35,0	1 13,6 E	302
Evora Monte (V) . . .	Torre do cast.	38 46,2	1 25,0 E	474
Fafe (V'.	Camp. da igreja	41 27,6	0 58,2 E	333
Faro (C)	Torre da sé	37 1,5	1 11,9 E	8
Faro (Santo Antonio do Alto)	Torre da capella	37 1,8	1 12,8 E	50
Fao (V).	Torre	41 30,5	0 21,9 E	4
Feira (V) (Castello) . . .	Torreao NO	40 55,1	0 35,5 E	193
Figueira da Foz (V) (Miser.).	Torre da igreja	40 9,0	0 16,6 E	18
Freixo de Espada á Cinta (V).	»	41 5,6	2 20,0 E	470
Fronteira (V)	Torre do relogio	39 3,3	1 29,1 E	255
Guarda (C).	Torre velha	40 32,1	1 51,7 E	1:039
Gollega (V)	Torre da igreja	39 24,0	0 38,8 E	24
Guimaraes (C)	Castello	41 26,9	0 50,5 E	243
Idanha a Nova (V) . . .	Torre da igreja	39 55,1	1 53,7 E	346
Ilhavo (V)	Torre do norte	40 36,0	0 27,8 E	16
Lagos (C)	Ter. da Trindade	37 5,7	0 27,8 E	38

Namen der Städte und Haupt-Ortschaften		Breite ° ′	Länge ° ′	Höhen in Meter
Lamego (C)	Torre da igreja	41 5,7	1 19,7 E	491
Leiria (C)	Castello	39 44,7	0 18,8 E	113
Lisboa(C) obs doCastello△	—	38 42,7	0 0,0	96
Lisboa(C) obs. da Tapada	Centro da cup.	38 42,5	0 3,2 O	94
Lisboa(C) obs. da marinha	—	38 42,3	0 0,5 O	5
Lisboa(C) obs. meteorolog.	—	38 43,2	0 2,8 O	76
Louza (V)	Torre da igreja	40 6,5	0 53,2 E	174
Mafra (V) — Zimb. do convento.	Cruz	38 56,3	0 11,5 O	236
Mealhada (V)	Torre da igreja	40 22,6	0 41,1 E	60
Meda (V)	C. no penhasco	40 57,6	1 52,2 E	736
Mertola (V)	Castello	37 39,3	1 28,2 E	71
Mira (V)	Torre da igreja	40 25,6	0 23,8 E	19
Miranda do Corvo (V) .	»	40 5,4	0 47,9 E	131
Miranda do Douro (C). .	Torre da sé	41 29,3	2 51,6 E	—
Monçao (V)	Torre do relogio	42 4,6	0 39,3 E	37
Moncorvo (V).	»	41 10,3	2 4,8 E	391
Monforte (V)	»	39 3,0	1 41,6 E	294
Monsanto (V) △. . . .	Torre no cast.	40 2,0	2 1,2 E	758
Monsaraz (V) △. . . .	Torre do relogio	38 28,1	1 45,2 E	332
Montalegre (V)	Castello	41 49,3	1 20,8 E	966
Montemór Novo (V) . .	Torre no cast.	38 38,9	0 55,0 E	291
Montemór Velho (V) . .	Torre da igreja	40 10,4	0 27,0 E	51
Moura (V)	Castello	38 9,3	1 41,5 E	184
Mourao (V)	»	38 24,6	1 47,2 E	206
Nellas (V)	Torre	40 31,5	1 16,3 E	446
Niza (V).	Torre da igreja	39 30,9	1 29,0 E	304
Olhao (V)	»	37 2,3	1 17,6 E	8
Oliveira de Azemeis (V) .	»	40 50,3	0 39,3 E	220
Oliveira de Frades (V). .	»	40 43,8	0 57,4 E	380
Oliveira do Bairro (V) . .	»	40 30,7	0 38,4 E	71
Oliveira do Hospital (V) .	»	40 21,6	1 16,3 E	470
Olleiros (V)	»	39 54,9	1 13,2 E	517
Ouguella (V)	Castello	39 4,6	2 6,1 E	280
Ourem (V).	Torre do castello	39 38,4	0 32,4 E	329
Ourique (V)	Alto do castello	37 39,6	0 54,4 E	214
Ovar (V)	Torre do N	40 51,6	0 30,8 E	15
Palmella (V) △	Castello	38 33,9	0 14,0 E	238
Penafiel (C)	Torre da igreja	41 12,1	0 50,8 E	277

Namen der Städte und Haupt-Ortschaften		Breite ° ′	Länge ° ′	Höhen in Meter
Penamacôr (V)	Castello	40 6,8	2 0,5 E	574
Peniche (V) Cidadella . .	Mirante	39 21,1	0 14,9 O	15
Pernes (V).	Torre da igreja	39 23,1	0 28,2 E	97
Pinhel (C)	Castello	40 46,5	2 4,3 E	650
Poiares (V).	Torre da igreja	40 12,5	0 52,5 E	131
Ponte de Lima (V) . . .	Campanario	41 45,9	0 33,0 E	26
Portalegre (C)	Torre da sé	39 17,3	1 42,0 E	480
Portel (V)	Castello	38 19,5	1 25,8 E	341
Porto (C)	T. dos Clerigos	41 8,6	0 31,2 E	90
Rio Maior (V).	Torre da igreja	39 20,1	0 11,7 E	100
Sagres (V)	Reducto (praça)	37 0,0	0 11,0 E	36
Santarem (C)	Torre do semin	39 14,1	0 26,8 E	108
S. Joao da Pesqueira (V).	Torre	41 8,7	1 43,9 E	637
S. Thiago do Cacem (V).	Castello	30 0,8	0 26,1 E	254
Sardoal (V)	Camp. do conv.	39 32,2	0 58,4 E	232
Serpa (V)	Torreao	37 57,1	1 33,2 E	219
Setubal (C)	(Quartel)	38 31,2	0 14,2 E	8
Silves (C)	Castello	37 11.5	0 41,7 E	57
Sines (V)	»	37 57,3	0 16.0 E	36
Soure (V)	Torre	40 3,4	0 30,4 E	10
Santa Comba Dao (V) .	Torre da igreja	40 23,6	1 0,2 E	184
Thomar (C)	»	39 36,1	0 42 9 E	122
Torrao (V).	»	38 18,1	0 54.2 E	110
Torres Novas (V) . . .	Castello	39 28,7	0 35,6 E	57
Trancoso (V)	»	40 46 6	1 47,2 E	891
Vagos (V)	Torre da igreja	40 33,1	0 27,1 E	18
Valença (V)	»	42 1,8	0 29,4 E	72
Vidigueira	»	38 13,3	1 20,1 E	213
Villa do Conde (V . . .	»	41 21,4	0 23,6 E	31
Villa Flor (V).	»	41 18,3	1 58,8 E	563
Villa Nova de Foscôa (V).	»	41 4,8	1 59,9 E	439
Villa Nova de Portimao (V).	»	37 8,7	0 35,7 E	8
Villa Real (V)	»	41 17,7	1 23,2 E	420
Villa Real de S. Antonio (V)	Pharolim	37 12.9	1 43,3 E	14
Vizeu (C)	Hospital	40 38,9	1 8,7 E	540
Vianna do Castello (C) .	Cap (St. Luzia)	41 42,0	0 17,9 E	195

Serras.

Namen der Höhen		Breite ° '	Länge ° '	Höhen in Meter
Açor △	Pyramide	40 12,8	1 18,9 E	1:340
Aire △	»	39 32,0	0 29,8 E	677
Alcaria do Cume △ . .	» .	37 15.5	1 23 7 E	521
Alcaria Ruiva △. . . .	»	37 42,9	1 22,3 E	370
Almeirim △	»	39 8,4	0 32,8 E	170
Arrabida	Mais alto	38 28,7	0 7,8 E	499
Atalaia (Grandola) △ . .	Pyramide	38 10,2	0 29.2 E	325
Barros △	»	38 3,2	0 41,8 E	180
Bornes △	»	41 25,9	2 7,6 E	1:202
Bouro △	»	39 27,1	0 4,1 O	159
Buarcos △.	»	40 11,6	0 16.8 E	215
Bussaco △.	»	40 21,6	0 46,7 E	557
Cabeça Alta △	»	40 31,9	1 42.5 E	1:328
Cabeço Rainha △ . . .	»	39 51,5	1 11,3 E	1:081
Cabreira △.	»	41 38,2	1 5.5 E	1:276
Caixeiro △.	»	38 54 9	1 28,7 E	452
Campo de Viboras △ . .	»	41 31 7	2 34,2 E	750
Candieiros △.	»	39 26,1	0 12,9 E	485
Caramullo △	»	40 32,7	0 55,9 E	1:070
Cercal △	»	37 47.7	0 24,8 E	344
Cota de Mairos △ . . .	»	41 50,7	1 48,1 E	1:088
Crôa △.	»	41 54,7	2 7,9 E	1:270
Deilao △	»	41 50,8	2 32,6 E	961
Estrella △.	»	40 19,2	1 31,2 E	1:991
Ficalho △	»	37 59,5	1 50,9 E	516
Fonte Longa △	»	41 13,9	1 52,5 E	886
Foya △.	»	37 19,0	0 32,2 E	903
Gardunha △	»	40 4,7	1 36,5 E	1:224
Gerez	Mais alto	41 46,2	0 59,0 E	1:442
Guilhim △.	Pyramide	37 6,7	1 12,0 E	310
Jarmello △	»	40 35,3	2 0,0 E	949
Lagoaça △.	»	41 12,5	2 22,5 E	883

Namen der Höhen		Breite ° ′	Länge ° ′	Höhen in Meter
Larouco △.	Pyramide	41 52,7	1 24,9 E	1:580
Leomil △	»	40 57,2	1 28,7 E	1:015
Louza △	»	40 5,3	0 57,2 E	1:202
Luzim △	»	41 9,9	0 52,2 E	557
Marao △	»	41 14,8	1 14,8 E	1:422
Marofa △	»	40 51,7	2 8,5 E	974
Melriça /\	»	39 41,6	1 0.2 E	587
Mendro △.	»	38 15,6	1 21,0 E	406
Mesas △	»	40 17,0	2 16,6 E	1:200
Monfurado △.	»	38 34,5	0 56,6 E	400
Monge △	»	38 46,4	0 18,5 O	488
Montargil △	»	39 4,5	0 56,7 E	235
Monte Junto △	»	39 10,3	0 5,1 E	666
Monte Muro △	»	40 58,3	1 8,8 E	1:389
Mú △	»	37 22,7	1 3,1 E	575
Nogueira △	»	41 42,8	2 16,7 E	1:321
Ossa △.	»	38 44,2	1 32,9 E	649
Ouarl △	»	41 43.6	0 40,5 E	723
Padrella △.	»	41 33,6	1 37,0 E	1:151
Peneda △	»	41 58,0	0 49,6 E	1:446
Penhagarcia	Mais alto	40 1,5	2 9,7 E	821
Pisco △.	Pyramide	40 46,1	1 42,5 E	998
Quintam △	»	37 29,7	1 16,9 E	333
Rego △.	»	38 50,3	1 52,4 E	472
Roma △	»	39 0,6	0 11,0 O	215
Santa Luzia △	»	41 45,7	0 19,6 E	553
Santa Tecla △	Padrao	41 53,3	0 15,8 E	328
Santo Ovidio △	Pyramide	41 6,3	0 32,8 E	257
S. Cornelio (Ermida) △ .	»	40 20,9	1 57,2 E	1:001
S. Domingos △	»	41 12,1	1 32,0 E	806
S. Felix △	»	41 26,0	0 25,1 E	203
S. Mamede △.	»	39 18,7	1 46,3 E	1:025
S. Miguel (Niza) △. . .	»	39 34,4	1 30,2 E	463
S. Miguel (Monte Figo) △.	»	37 6,9	1 18,1 E	405
S. Paio △	»	41 55,2	0 25,2 E	640
S Pedro Velho △ . . .	»	40 52,5	0 51 2 E	1:078
S. Vicente (Capella) △ .	»	38 19,9	1 7,7 E	372
S. do Castello (Mangualde.)△	Torre	40 36,7	1 23 4 E	628
Senhora da Luz △ . . .	Pyramide	41 39,6	2 49,6 E	911

Namen der Höhen		Breite ° ′	Länge ° ′	Höhen in Meter
Serrinha △	Pyramide	38 29,6	0 36,6 E	185
Serves △	»	38 53,5	0 2,5 E	349
Sicó △	»	39 55,1	0 35,6 E	551
Sirigo △	»	40 57,8	1 44,6 E	987
Sitania △	»	41 19,3	0 44,9 E	579
Valle de Agua △ . . .	»	39 21,9	1 7,3 E	284
Vigia △	Moinho	37 37,1	0 44,8 E	388

Entfernungen notirt auf der Poststation von Villa Real.

Villa Real nach Balca . . .	20 *km.*	Villa Real nach Bertiande . .	5 *km.*
» Murça . . .	20 »	» Granza . . .	10 »
» Mirandella . .	31 »	» Moimenta . .	10 »
» Bragança . .	65 »	» Rua	5 »
» Candomil . .	33 »	» Villar da Ponte	5 »
» Amarante . .	15 »	» Ponte d'Abbada	5 »
» Cahide . . .	18 »	» Villa novinha .	5 »
» Regoa . . .	26 »	» Francoso . .	10 »
» Lamego . . .	10 »	» Guarda . . .	30 »

Regoa nach Folgosa	9 *km.*	Mirandella nach Macedo de Cavalheiros	30 *km.*
» Tedo	8 »	nach Villa Flor . .	20 »
» Bateiros	8 »	» Moncorvo . .	15 »
» Pesqueira. . . .	15 »		

Minen-

copirt aus Pery. Geogr.

Braçal &

Minen		Bleiglanz	Zink-blende	Minerios-Kupfer	Minerios-Silber
Braçal und Malhada .	1837—1875	257 145	77	—	—
Carvalhal	1856—1875	15 421	2382	317	—
Coval de Mó . . .	1860—1875	25 883	7	—	—
Trevoes	1863—1869	3 504	57	—	60
Palhal	1850—1875	1 400	?	228 548	—
Telhadella*)	1863—1875	2 235	?	16 987	—

*) Auf der Grube Telhadella bei Albergaria Velha kommt gangweise mit gehalt vor, der bis 4 pCt erreicht. (Breithaupt, Mineralogisch Notizen. N. Jahrb.)

Die Kupferkiese im ganzen Alemtejo-Gebiet bis Alcacer do Sal enthalten 0,00020 und 0,00028 per 1000 schwankt.

Die Total-Production der Kupferkiese von S. Domingos (siehe S. 6) von von 1860—1875 = 91,387 quintaes. Gold und Silber 0,00025 per 1000, seria 51,152

Goldadern sind ferncr in der Nähe des Forts von S. Juliao an der Tejo-Mine = almada).

Goldproduction

Arbeitszeiten	Production Kil.	Lei do ouro
1. Juli 1814 bis 31. August 1819 . . .	46,5381	0,9292
1. September 1819 bis 31. Juli 1824 . .	35,5692	0,9298
1. August 1824 bis 30. Juni 1826 . . .	3,5825	0,9480
18. Mai 1829 bis 14. März 1833 . . .	9,7691	0,9375
	95,4539	

Tabelle
& Est de Portugal.
Domingos & Adiça.

Minen	Blei	Zink	Kupfer	Quantitade de prata em provavel Kilog.
Braçal e Malhada . .	$0,^{25}/1000$	$1,^{5}/1000$?	—	6439,675
Carvalhal	$1,^{5}/1000$	$0,^{2}/1000$	$0,^{8}/1000$?	2789,540
Coval de Mó . . .	$0,^{25}/1000$?	$1,^{5}/1000$	—	649,125
Trevoes	$0,^{66}/1000$	—	—	234,440
Palhal	$1,^{2}/1000$	—	—	18451,840
Telhadella	$1,^{1}/1000$	—	—	223,500

Bleiglanz und Kupferkies ein Rothnickelkies mit ungewöhnlich hohem Schwefel-
f. Min. 1872. 818).

gewöhnlich Gold und Silber, deren mittlerer Werth (theor medio) zwischen

1859—1875 = 20,609,507 quintaes metricos und aus den Minen von Aljustrel
Kilo = 223.
Mündung. Am Bekantesten ist die Goldmine von Adiça (bei den Arabern

von Adiça.

reines Gold Kil.	Anzahl Menschen 260 Tage p. Jahr	Ausgaben in Reis	Goldwerth in Reis
43,27570	27	18,009 790	21 069 482
33,07374	24—25	12,622 377	18 066 121
3,39620	12—13	3,591 960	1 937 464
9,11160	20	8,878 630	5 197 776
88,85724		43,142 757	46 270 843

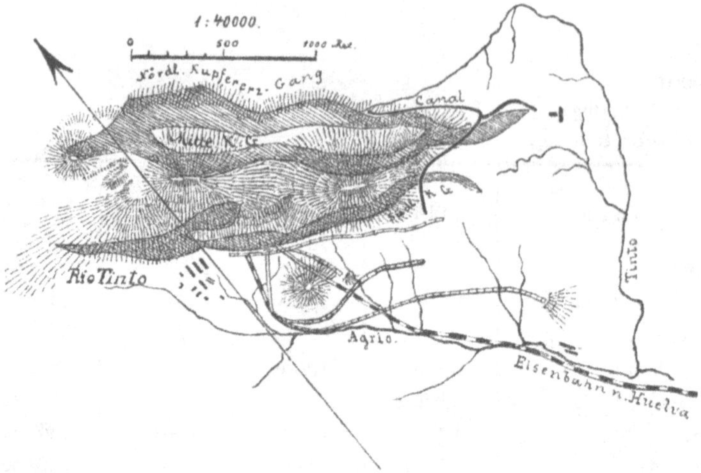

Rio-tinto (Zu Seite 2).

«Pyrites. The quantities extracted were in tons:

1879	For shipment	243 241,	by local treatment	663 359.	Total	906 600
1880	«	277 590,	«	637 567.	«	915 154
1881	«	249 089,	«	743 949.	«	993,044

The quality of the mineral is well maintained, and its average copper contents, over the entire quantity have been 2,75 %, which is 5 % in excess of the copper contents of last year's output.

The amount of the Company's Pyrites actually consumed in England, Germany etc. during the year has been 256 827 tons, against 274,201 in 1880 and 236 849 in 1879.

The state of the chemical trade in this country has been very unfavorable and the Board regret to say continues to be so. This has led to a diminution in the consumptions of Pyrites.

Copper. The copper produced during the year ny treatment at the Mines was 10 346 tons of 1000 Kilos, equal to 9,466 tons of 21 cwt. Of this there was brought to market and realised 8,493 tons of 21 cwt., leaving the balance to be carried forward tn the current year at cost price.

The fotlowing are the quantities of metallic copper produced at the mines yearly for ɟhe past six years, viz:

1876 . . . . . 976 tons of 21 cwt. net.
1877 . . . . . 2495 « «
1878 . . . . . 4184 « «

1879	7179	tons of 21 ewt. net.
1880	8559	« «
1881	9,466	« «

This, it will be understood, is exclusive of copper contained in the Pyrites exported.» Report of the Rio Tinto Company. 1882.

Arrabida (zu Seite 20).
Cezimbra.

In der Schrift: «Note sur les vallées Tiphoniques et les éruptions d'ophite et de Teschénite en Portugal, par M PAUL CHOFFET. Description des roches par M. J. MAC-PHERSON, F. ANDREAU Imprimérie de Lagny 1882» wird ein Eruptivgestein von Cezimbra erwähnt: Teschenit, das bisher nur in Mähren und in Ost-Schlesien im Kaukasus gefunden worden ist.

Coimbra (zu Seite 29).

1460 benachrichtigten einige Handelsleute von Nürnberg den König von Portugal von der Erfindung der Buchdruckerkunst durch GUTENBERG und FUST in Mainz. Ein Cardinal oder Prior eines grossen Klosters zu Coimbra liess die ersten Typen von Nürnberg nach Portugal kommen, mit denen 1463—1465 die griechischen und lateinischen Schriftsteller und andere geistliche Bücher, wie z. B. TOMAS DE AQUINO gedruckt wurden. Die ersten Drucker, welche nach Portugal kamen, hiessen nach einer alten Chronica: EMANUEL SEMONS (Simon) von Nüremberg und CHRISTOPH SOLL von Altdorf.

Boletim da Sociedade de Geographia de Lisboa
2 Serie Nr. 9 u. 10. Lisboa 1881.

Bussaco (zu Seite 33).

Verzeichnis der im Bussaco-Walde bis 1856 vorkommenden Pflanzen aus: O Bussaco por Silva Mattos e Lopez Mendes' Lallemant frères. Lisboa 1874.

Quercus racemosa
» robur.
» pubescens.
» fruticosa.
» suber.
» occidentalis.
Fagus castanea.
Pinus maritima.
» pinea.

Salix nigra.
Arbutus unedo
Buxus sempervirens.
Pinus pinea fragilis.
Cypressus lusitana.
Ilex aquifolium.
Phillyria latifolium.
Prunus lusitana.
Laurus nobilis.

Viburnum tinus.
Fraxinus excelsior.
Acer pseudo platanus.
Persea indica.
Coyllus avellana

Arbustivas:

Rhamnus alaterna
» frangula:
Pyrus sllvestris.
Crataegus oxiacantha.

Sträucher:

Spartium patens.
» album.
» junceum.
Erica vulgaris.
» arborea.
Ulex europea.
Ruscus aculeatus.
Cistus ladaniferus.
Hedera helix.

Ueber die Flora des Estrella-Gebirges, siehe: Expedicao scientifica a Serra da Estrella em 1881. Lisboa 1883. Impresa nacional.

Vizeu (zu Seite 43).

Hier wurde der berühmte Geschichtsschreiber und Verfasser des Decades de l'Asia: Joao de Barros geboren 1496. † 20. October 1570

Weinexport von Oporto (Tabellen aus Pery) (zu Seite 66).

Die Weinausfuhr von Oporto betrug 1678 bis 1687 nur 632 Pipen, erreichte 1798 die Höhe von 72 496 Pipen und sank 1857/58 auf 19 430 Pipen.

Die Gefammtausfuhr von Wein betrug

1852 . . . . 865 169 Pipen, d. h. 4 325 845 Hectoliter,
1873 . . . 4 086 000 „

Die Ausfuhr aus den einzelnen Provinzen vom Jahre 1852 kann heute noch als ungefährer Anhaltspunkt dienen, daher führe ich die Tabelle von Pary (Seite 121) bei:

	Maduro	Verde	Pipen
Minho-Provinz	—	199 509	199 509
Traz os Montes	188 990	13 691	202 681
Beira	203 549	67 211	270 760
Extremadura	157 149	—	157 149
Alemtejo	24 860	—	24 860
Algarve	10 210	—	10 210
			865 169

oder 4 325 845 Hectoliter.

Liste der Mineralquellen in Portugal nach Pary Seite 61.

Die mit einem Kreuz versehenen Quellen sind von mir besucht worden.

Minho.

Aguas Santas.
Ave (S. Miguel).
Barreiro (ao N de S. Thyrso).
† Braga (Crespos).
† Caldas.
Caldellas.
Canavezes.
Entre Rios
Gerez . . . . 54° u. 63°
Silikat, Chlorakalien u. kalkhaltig.
† Guimaraes.
Lijo.
Mosqueiros.

Monsao . . . . . . 31° u. 39°
Chlor und schwefelsaure Alkalien.
Padreiro.
† Taipas . . . . 29°
Kiesels., alkalihaltige u. magnesiahaltige Wasser.
Torre (S. Pedro).
Vizella { Mourisco . . . . 36,5° C.
Vizella { Loureira . . . . 32,5° C.
Vizella { Medico . . . . 37,5° C.

Traz os Montes.

Carlao
† Chaves . . . . 56°
Favaios.
Lagoaça.
Loureiro ou Sermanha.
Moledo . . . . 42°
Murça . . . . 39,5°

Pedras Salgadas.
Pombal de Anciaes.
Ponte de Cavez.
Rede.
† Vidago. Kalte Quellen
Villarelho . . . . 16,4°.

Beira.

Alcafache . . . . 49°
Adeia Nova.
Almeida.
Almofalla.
Alpedrinha.
Aregos.
Bicanho.
† Bussaco.
Carvalhal.
Condeixa.
Felgueiras.
Freixialinho.
Grajal.

Manteigas.
Monfortinho.
Penamacor
Pinhel.
Pranto.
Ranhados.
Rapoula.
Ribeira de Boi.
Santa Comba-Dao.
S. Gemil.
S. Jorge.
S. Pedro do Sul . . . . . . 69°
S. Romao.

Lagiosa.
Linhares.
Longroiva.
† Luso . . . . 25°
Treixedo.
Unhaes da Serra.
Verride.
Villa da Rainha.
Zebras.

Extremadura.

Alhandra.
Arrabidos.
Belver.
Brancas.
Caldas da Rainha . . . . . 38,8°
" Aguas Santas.
Cascaes { Estoril. Poça. S. Antonio do Estoril. Cucos.
Gayeiras.
† Leiria.
† Lisboa { Arsenal da Marinha. Kalte; Alcaçarias do Duque. 34°; Alcaçarias de D. Clara.
" { Chafariz de El-Rei. Doutor. Chafariz de Andaluz.
Maiorca.
Monte Real.
Obidos.
Rio Real.
S. Mamede.
Torres Vedras.
Valle de Flores.
Vimeiro.

Alemtejo.

Aljustrel . . . . kalt
Arez.
Cabeço de Vide. . . . . . . 25°
Chlor und carb. alc.
Fadagosa.
Gafete.
Gaviao.
Maria Viegas.
Mertola.
Monte de Pedra.
Quguella
Port alegre.
Ribeira de Vide.
Souzel.
Toloza.
Vimieiro.

Algarve.

Monchique 31—34° } schwefelwasserstoffhaltige Quellen mit Alkali, Chloriden und
Tavira . . . 26° } Carbonaten.

Druck von Gebr. Unger (Th. Grimm) in Berlin SW., Schönebergerstr. 17a.

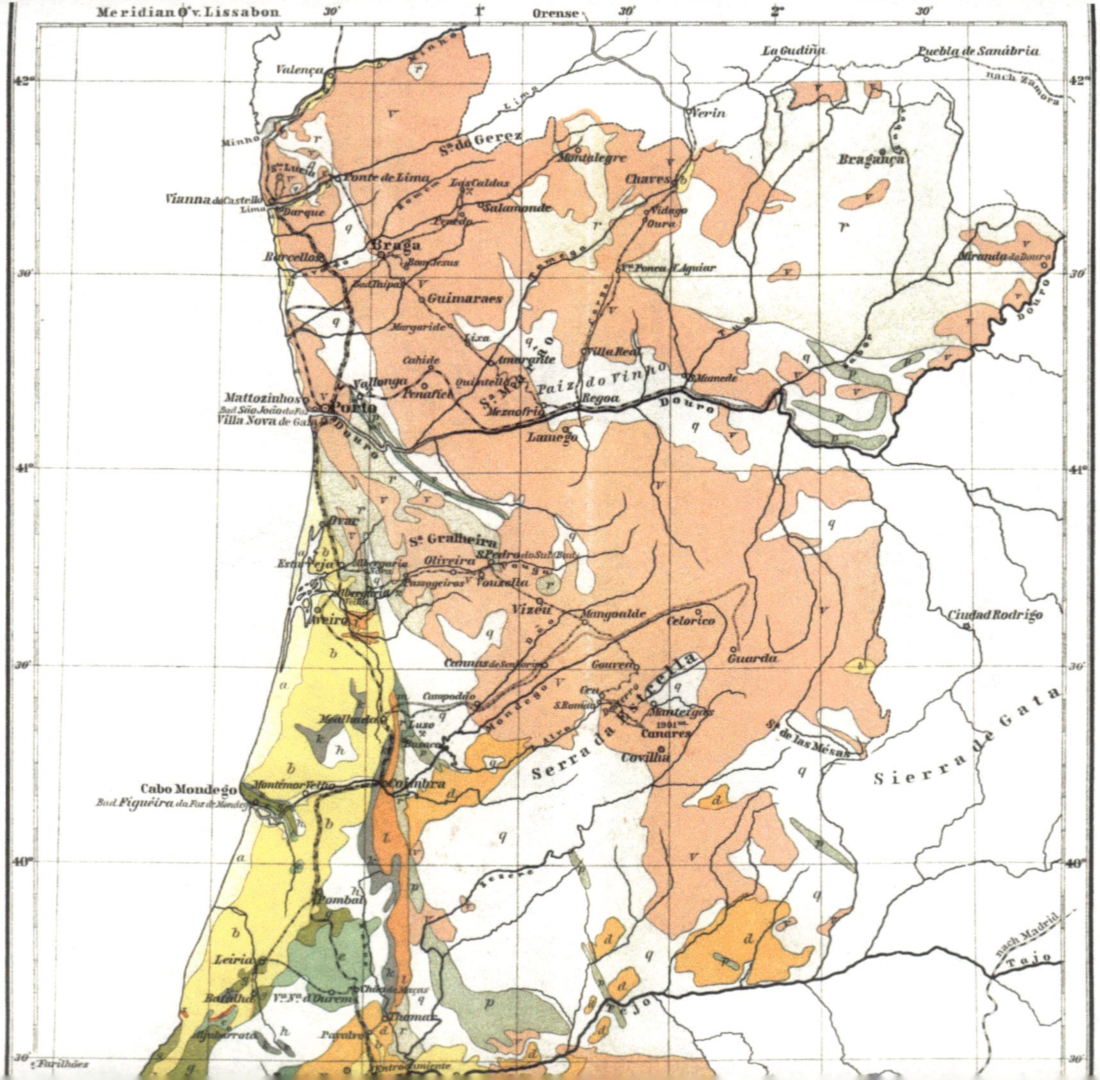

Meridian 0° v. Lissabon
Orense
La Gudiña
Puebla de Sanábria
nach Zamora
Valença
Minho
Verin
Bragança
S.ª da Gerez
Montalegre
Chaves
Ponte de Lima
Vianna do Castello
Darque
Salamonde
Vidago
Braga
Barcellos
Bom Jesus
Guimaraes
Miranda do Douro
Margaride
Villa Real
Amarante
Paiz do Vinho
S.ª Mamede
Mattozinhos
Bad São João do Foz
Villa Nova de Gaia
Porto
Vallonga
Penafiel
Regoa
Lamego
Douro
Ovar
S.ª Gralheira
S. Pedro do Sul (Bad)
Estarreja
Oliveira
Vouzella
Aveiro
Vizeu
Mangoalde
Celorico
Ciudad Rodrigo
Guarda
Cannas de Senhorim
Gouvea
Serra da Estrella
Manteigas
Canares
Covilha
Mealhada
Luso
Bussaco
Campodão
Serra de Gata
Sierra de Gata
S.ª de las Mésas
Cabo Mondego
Bad Figueira da Foz do Mondego
Montemor Velho
Coimbra
Pombal
Leiria
Batalha
V.ª N.ª d'Ourem
Chão de Maças
Thomar
Aljubarrota
Farilhões
Tejo
Tajo
nach Madrid

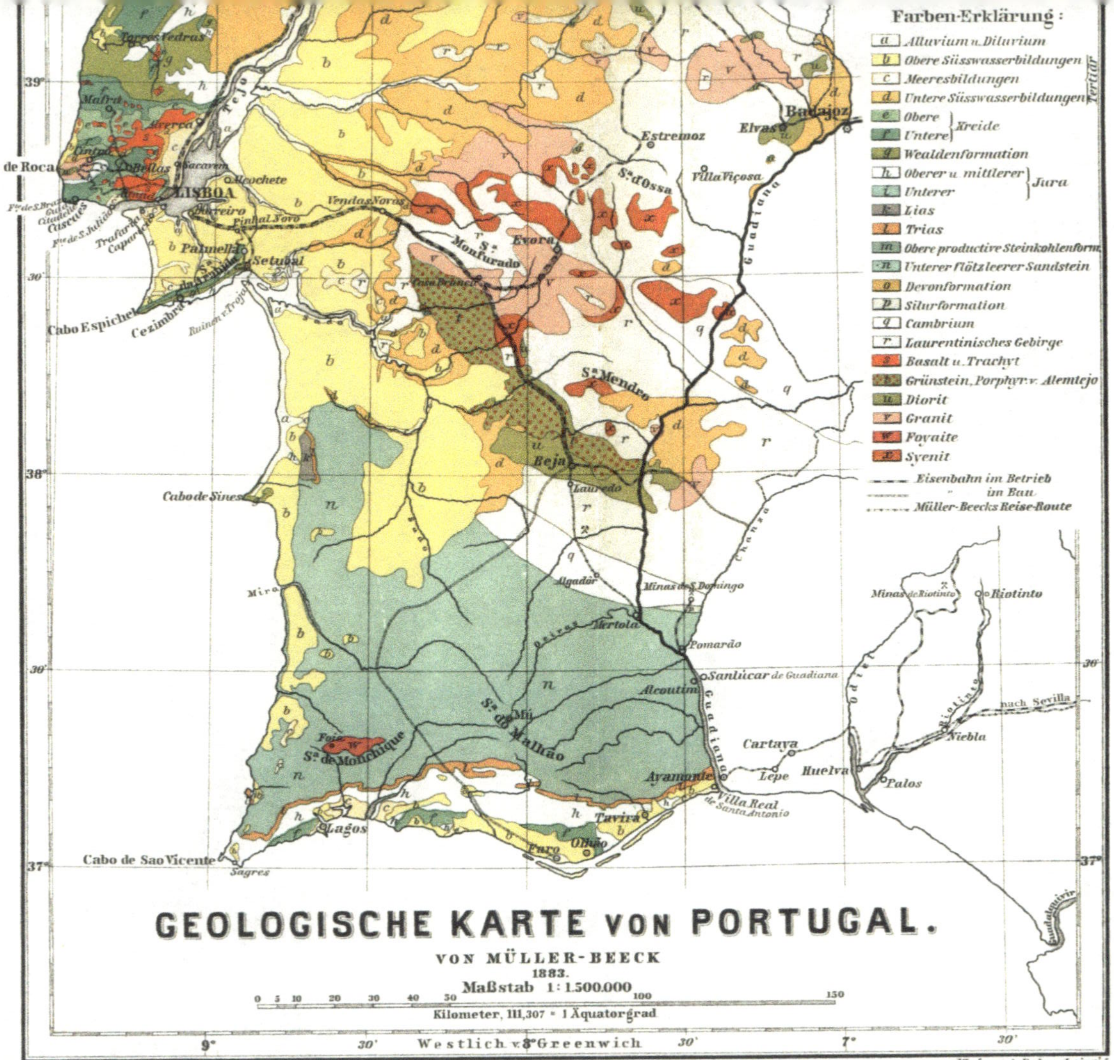

GEOLOGISCHE KARTE VON PORTUGAL.

VON MÜLLER-BEECK

1883.

Maßstab 1: 1.500.000

0 5 10 20 30 40 50 100 150

Kilometer, 111,307 = 1 Äquatorgrad

Westlich v. Greenwich

Geograph. Anstalt von Wagner & Debes, Leipzig

Kolibri 360 GmbH
Ferdinand-Jühlke-Straße 7
99095 Erfurt, Deutschland
produktsicherheit@kolibri360.de